大数据技术系列丛书

大数据技术科普1

——大数据技术与应用

主编 郝文宁 邹 傲 田 媛

西安电子科技大学出版社

内 容 简 介

本书主要介绍文本大数据挖掘技术及其在文本自动整编领域的应用方法。除绪论外，本书的主要内容分为上下两篇，共 9 章。绪论介绍了文本自动整编的相关技术及研究现状，并提出了两种可行的文本自动整编方案。本书的上篇主要介绍了基于抽取式方法的文本自动整编技术，内容包括：面向信息检索的抽取式多文档摘要技术架构、基于多示例框架的深度关联匹配、基于多粒度语义交互的抽取式文档摘要以及基于层次注意力和指针机制的句子排序。下篇主要介绍了基于生成式方法的文本自动整编技术，内容包括：生成式文本自动整编技术架构、基于预训练和深度哈希的文本表示学习、基于两阶段半监督训练的长文本聚类以及基于语句融合及自监督训练的文本摘要生成。第 9 章对全书内容进行总结，并对后续发展方向提出展望。

本书可作为数据科学与大数据技术、人工智能等相关学科专业的本科生或研究生的教学用书，也可作为自然语言处理或文本挖掘相关领域科研人员的参考书。

图书在版编目(CIP)数据

大数据技术科普.1，大数据技术与应用/郝文宁，邹傲，田媛主编. --西安：西安电子科技大学出版社，2023.7
ISBN 978 - 7 - 5606 - 6828 - 4

Ⅰ. ①大…　Ⅱ. ①郝…　②邹…　③田…　Ⅲ. ① 数据处理—普及读物　Ⅳ. ①TP274 - 49

中国国家版本馆 CIP 数据核字(2023)第 061240 号

策　　划　戚文艳　李鹏飞
责任编辑　李鹏飞
出版发行　西安电子科技大学出版社(西安市太白南路 2 号)
电　　话　(029)88202421　88201467　　邮　　编　710071
网　　址　www.xduph.com　　　　电子邮箱　xdupfxb001@163.com
经　　销　新华书店
印刷单位　咸阳华盛印务有限责任公司
版　　次　2023 年 7 月第 1 版　　2023 年 7 月第 1 次印刷
开　　本　787 毫米×1092 毫米　1/16　印张 8.5
字　　数　185 千字
印　　数　1～2000 册
定　　价　31.00 元
ISBN 978 - 7 - 5606 - 6828 - 4/TP
XDUP 7130001 - 1

前　　言

本书系大数据技术系列丛书之一，主要介绍文本表示学习、文本聚类、文本自动摘要及文本信息检索等大数据技术及其在文本自动整编领域的应用方法。

随着移动互联网、物联网等技术的快速应用，我们已经全面跨入大数据时代。文本数据作为一种典型的大数据资源，呈现海量、异构、来源多样、题材广泛等特点，导致各行业领域的文本自动整编的复杂度指数级升高，这严重制约着文本数据资源开发利用效益以及领域知识管理水平。

目前，业界文本整编的方法主要包括基于抽取式的方法和基于生成式的方法，基于抽取式的方法的重点是从源文本中选择句子，处理效率较高，基于生成式的方法的重点在于生成的摘要不仅要包含源文本的主要语义，还要求生成的文本可读性强、灵活度高，摘要内容不拘泥于原文。因此，本书主体内容分为上下两篇，分别对"抽取式文本自动整编"和"生成式文本自动整编"这两种方法进行详细的介绍。

上篇主要对抽取式文本自动整编进行探究：

（1）提出了面向信息检索的抽取式多文档摘要研究思路。整个研究分为 3 个阶段：首先是相关文档检索阶段，根据用户查询从文档集合中检索出相关文档，完成海量数据的初步筛选；然后是摘要句抽取阶段，使用多文档摘要技术从检索出的多个文档中抽取摘要句，完成对文档内容的进一步精炼；最后是摘要句排序阶段，对抽取出的摘要句重新排序，以生成语义连贯、逻辑通顺的文本返回给用户。在上述研究思路的指导下，本书建立了面向信息检索的抽取式多文档摘要技术体系架构。

（2）建立了基于多示例框架的深度关联匹配模型。探究中，首先从检索部分入手，基于多示例学习的思想，对传统的文档检索方法进行改进，然后以语义相对完整的句子为单位构造文档句子包，通过查询句与待检索文档句之间的深度关联匹配为文档句子包打分，最终选择得分高的文档作为检索结果。通过将多示例深度关联匹配模型与基准检索模型进行比较，证明了该模型能有效提升检索性能。

（3）建立了基于多粒度语义交互的抽取式多文档摘要模型。在相关文档检索的基础上，将对文档内容的精炼视为多文档摘要任务，首先构建多粒度编码器学习句子表示，通过单词、句子和文档三种粒度的语义交互训练出的句子向量，包含了不同粒度的关键信息，有利于在基于句子本身特征计算其重要程度时充分考虑其全面性；然后使用改进的 MMR 算法通过排序学习为文档中的各个句子打分，并抽取得分高的句子作为候选摘要句。通过将多粒度语义交互抽取式多文档摘要模型与基准多文档摘要模型进行比较，证明了该模型能够提升摘要质量，能够有效提高摘要的全面性并降低信息冗余度。

（4）建立了基于层次注意力和指针机制的句子排序模型。首先使用层次注意力对抽取出的候选摘要句进行编码，通过词编码器和句子编码器分别捕获局部和全局的上下文信息，然后使用指针机制对编码器捕获的上下文信息进行解码，依次预测各个位置的句子，完成对候选摘要句的重新排序，从而返回给用户语义连贯、可读性强的摘要。通过本文的基于层次注意力和指针机制的句子排序模型与基准句子排序模型的对比，以及使用该模型前后生成摘要之间的对比，证明了该模型的有效性。

下篇主要对生成式文本自动整编进行探究：

（1）提出了基于三阶段文本整编的文档资源挖掘体系架构：首先利用深度哈希技术学习高质量、高效率的文本哈希表示；然后采用基于 Transformer 结构的"有监督＋自监督"的训练方式学习高性能的长文本聚类算法，将系统内的文档按照主题、内容等划分到不同的簇中；最后采用基于生成式方法和语句融合技术进行自动文本摘要研究。

（2）提出了基于预训练和深度哈希的文本表示学习方法。受深度哈希学习在大规模图像检索中应用的启发，对基于深度哈希技术的文本表示学习进行了广泛而深入的探索研究，并使用自然语言处理中的三个常见子任务来评估本文所提出的方法。实验结果表明，在牺牲有限性能的情况下，深度哈希可以通过文本表示大幅降低模型在预测阶段的计算时间开销以及物理空间开销。

（3）设计了一种结合迁移学习和动态反馈的深度嵌入聚类模型 DEC-Transformer。为更好地捕捉文档中句子之间的语义关系，该模型将一种新的迁移学习技术应用到长文本聚类任务中进行预训练。DEC-Transformer 模型通过两阶段的训练任务进行学习迭代，将语义表示和文本聚类作为一个统一的过程，并通过自适应反馈动态优化参数，以进一步提高效率。测试集上的实验结果表明，与多个基准相比，该模型在聚类的准确度上有了很大的提高。

（4）提出了一种基于语句融合及自监督训练的文本摘要生成方法 Cohesion-based 文本生成模型。在预训练语言模型的基础上针对语句融合的特点设计了两阶段的自监督训练任务：第一阶段的自监督训练任务是针对语句融合的特点设计 Cohesion-permutation 语言模型，而在第二阶段自监督训练任务中模型使用了基于语句间信息联系点的特殊注意力掩码策略进行训练。在公开数据集上进行的实验结果表明，Cohesion-based 文本生成模型在基于统计、深层语义和语句融合比例等多个评测指标上都优于目前先进的多个基准模型。

本书借鉴了国内外同行的研究成果，在此对相关作者表示衷心感谢。大数据领域的技术日新月异，自然语言处理、文本挖掘等相关理论方法也在持续发展，本书内容难免存在不足之处，恳请各位读者批评指正。

郝文宁

2022 年 11 月于南京

目　　录

上篇　抽取式文本自动整编

下篇　生成式文本自动整编

绪　论

　　自然语言由于其表现形式、语法、词语、语义、语境等因素的多样变化，对其的处理一直是一个困难的问题。自然语言理解素有"人工智能皇冠上的明珠"之称。

　　科技的进步和发展造就了信息爆炸的时代，而大量的文本数据以非结构化、数据规模巨大、内容分布广泛、编目组织形式多样等特点使得人们难以高效地利用。基于此背景，本书以深度挖掘海量非结构化文本的关键技术和应用为目标，针对基于文本的知识服务等需求进行了文本自动整编关键技术的研究。其中"整"是针对当前文本信息形式多样的问题，从信息处理的角度出发，以目标为主题进行查询，实现基于语义的文本信息摘取，并进而完成面向用户查询话题的文本在线整合；"编"是指对抽取出来的话题信息进行化简并生成整编后的摘要文本，达到聚焦关键信息的效果。

　　本书所提出的文本自动整编，是指通过多种文本挖掘方法和机器学习方法对一个文本集合进行处理，并输出一个新的文本集合的过程。整编的目的是消除冗余、精简信息；整编的过程是综合若干文档的信息，使得信息的使用、整合及提炼更加完整充分；整编的结果是输出一个信息密度大、整合度高、可读性强的高质量文档集合。文本生成技术的使用，使得输出内容更加直观、可读性强。

　　我们期望通过对文本整编的研究达到如下目的：第一、增强整编后文档的概括性。整编后的每篇文档都是来源于细分主题相同或相近的若干篇原始文档，在保留原始文档主要信息的前提下能够大幅压缩文档规模。第二、本书采用抽取式方法和生成式方法形成整编文档，提高整编后文档的流畅度。整编后文本的流畅度高、可读性强。第三、丰富整编后文档的关联信息。整编后，文档的内容丰富，每篇文档都综合了多篇原始文档的信息。

0.1　文本自动整编相关技术及研究现状

　　文本自动整编的研究主要涉及自然语言处理（Natural Language Processing，NLP）领域的相关知识，NLP 领域的研究可分为自然语言理解（Natural Language Understanding，

NLU)和自然语言生成(Natural Language Generation,NLG)两个方面。其中,前者侧重于使计算机理解自然语言并提取出有用的信息,以便于下游任务的使用,常见的 NLU 任务包括分词、词性标注、句法分析等;而后者则需要计算机能够输出人类可理解的自然语言文本,常见的 NLG 任务有机器翻译、文本自动摘要等。本书研究的文本自动整编,主要涉及 NLP 领域中的多个子领域的研究方向,并涉及近年来统计学习方法及深度学习的多种关键技术,本绪论首先对文本整编所涉及的几个 NLP 子领域进行简要介绍,然后再对本书所涉及的若干关键技术作简要介绍。

0.1.1 文本整编关联的研究方向

1. 文本表示学习

文本表示学习是指通过机器学习的方法获得计算机可处理的自然语言表示形式,这种表示通常是以向量的形式呈现的。自然语言数据虽然包含非常丰富的数据,却缺乏计算机可处理的传统数据库的结构。文本表示学习能够将非结构化的自然语言数据转换成结构化的数据[1],因此一直是 NLP 领域的核心研究问题之一。

文本表示学习的研究大致经历了 3 个阶段:基于统计的向量空间模型、基于神经网络的词向量表示和基于预训练语言模型的文本分布式表示。基于统计的向量空间模型利用文本集内不同单词的词频等统计信息进行文本表示的建模;基于神经网络的词向量表示通过文本内的单词共现进行静态词向量的训练,生成的词向量表示维度更低且能保留更多的语义信息;基于大规模语料的预训练语言模型的文本分布式表示更进一步,能够根据单词的上下文输出动态的向量表示。其中基于预训练语言模型的文本分布式表示是当前发展相对成熟、性能较强大、应用较广泛的文本表示学习方法[2],下面重点对预训练语言模型的研究现状进行介绍。

与之前基于统计的向量空间模型以及深度学习早期的基于单词嵌入的方法[3-5]相比,基于预训练语言模型的文本分布式表示能够更充分地挖掘文本中包含的语义信息,有力地支撑了 NLP 领域各项下游任务的研究。预训练语言模型不仅在各种任务的公开数据集(如 GLUE[6]、SquAD[7] 和 RACE[8])上取得了显著的结果,而且在工业上也有许多成熟的应用。

主流的预训练语言模型以堆叠式的 Transformer[9]结构作为基本单元并构建复杂的深层神经网络结构,根据掩码语言模型(Masked Language Model,MLM)等特定的预训练任务对模型参数进行训练,在大规模语料上经过充分训练后的模型只需在下游的任务中对参数进行微调即可获得优异的性能。具有代表性的预训练语言模型有 BERT[10]、XLNet[11]、RoBERTa[12]等。

预训练语言模型强大的语义表示能力主要来源于其内部的 Transformer 结构。具体而言,Transformer Encoder 的内部作用主要是多头注意机制[13]以及残差连接结构[14],后续的研究也表明了该结构比卷积神经网络能捕获更多语义信息,并且相较于循环神经网络具有更快的训练速度,并能够较好地解决以往方法对输入样本的长距离依赖不足的问题,这些优点使其成为目前 NLP 领域中使用广泛的特征提取器。

哈希方法是解决大规模机器学习问题的一种较常用的方法[15-19]。概括地来讲，这种方法一般采用人工设计或系统自动学习的哈希函数将数据从高维的分布式表示映射到汉明空间（Hamming Space）的二进制表示，基于二进制码的表示方法在具体下游任务的训练和使用中能够显著降低数据存储成本和通信开销。紧凑的二进制码能够将数据压缩到更小的存储空间中，并依然能够保留足够的特征信息用于各种下游任务。具体来说，哈希学习的目标在于学习数据样本的汉明空间表示，使得哈希码能够尽可能地保持数据样本在原始语义空间中的最近邻关系，从而维持其相似性。

现有的基于哈希的方法主要可分为两类：data-independent（数据无关）和 data-dependent（数据相关）。第一类方法通常使用随机映射函数将样本映射到特征空间，再进行二值化计算二进制码，代表性的方法是局部敏感哈希（Locality-Sensitive Hashing，LSH）[20]及其拓展方法，如欧式局部敏感哈希（Exact Euclidean Locality-Sensitive Hashing，E2LSH）[21, 22]等，之前的研究也已经出现过使用 LSH 进行文本检索的思路[23]。第二类方法基于数据驱动，利用统计学习的方法学习哈希函数，将样本映射成二进制码，代表方法有谱哈希[24]等。

2014 年以来，图像检索领域出现了一系列将深度神经网络和哈希函数相结合的方法[25-28]：深度哈希。该方法同样基于数据驱动，通过深度神经网络在训练过程中自动学习生成哈希函数，相较于人工设计或通过传统机器学习方法学习的哈希函数效果更好，其查找的准确率和效率都有较大提升，且在检索之外的其他领域也有应用[29]。

现有的文本表示学习方法已经达到较高可用性的地步，但是对于本书所研究的具体问题并不完全适用，本书所研究的是一种效率更高的文本表示学习方法。

2. 文本聚类

文本聚类是指通过无监督学习的方法将大量无标签的文本进行自动归类，使得同一个簇内的文本或多或少地存在若干种特征，从而语义上较相似的文档可以被归为一个簇内。作为机器学习方法的一种，文本聚类大致可以分为两个过程：特征工程和算法选择。

聚类在机器学习中的卷积特征选择、距离函数[30]、群方法[31]、聚类验证[32]等方面的研究得到了广泛的关注。文本聚类作为文本数据挖掘的一种重要方法，通过相似性判断对大量杂乱无章的文章进行分类，从而将主题和内容相似的文章划分为同一类别，将不相似的文章划分到不同类别[33]。

传统的文本聚类方法主要是基于 VSM、TF-IDF 测度、LSA 模型等机器学习的特征工程方法。例如，文献[34]提出的方法便是一种广义向量空间模型。主题模型作为一种词袋模型，通常基于 TF-IDF 度量，忽略了词在文档中的位置关系。典型的主题模型，如潜在狄利克雷分配（Latent Dirichlet Allocation，LDA），认为文档中的词项是独立存在的，不单独考虑词项之间的词序关系以及联系。Bengio 等人[35]在 2003 年提出了神经网络语言模型，Bengio 也因此成为利用神经网络模型解决自然语言处理问题的先驱。该方法采用三层前馈神经网络结构，将输入文本表示为低维密集词向量。训练后的词向量可以映射到一个向量空间，在这个向量空间中保持文本中词之间的语义相似度。2013 年，Mikolov 等人提出 Word2vec[3]模型，在分布式假设的基础上，通过连续词袋模型（Continuous Bag of Words，CBOW）和跳词模型（Skip-gram）两项训练任务，进一步提高了单词嵌入的质量。此外，为直接学习较长序列的文本表示，Le 等人提出了 Doc2vec 方法[36]，可以直接得到文本级的向量表示。

与以往的静态编码方法不同，Kenton 等人[10]设计了一种新的模型，能够生成每个输入词的动态编码表示，更充分地引入上下文的语义信息，具有更强的表达能力。类似的想法也催生了一系列的研究成果[12]。近年来，随着深度学习的发展，特别是类 BERT 预训练语言模型的出现，深度学习已成为解决自然语言处理问题的主流和有效方法。最近的一些文本聚类研究仅仅依靠预训练中的动态词嵌入作为迁移学习的一部分。其他的研究更进一步，将 Transformer 与不同的聚类方法相结合来解决这个问题。然而，现有的基于 Transformer 的方法只是将 Transformer 结构和传统聚类方法（如 K-Means）进行简单结合。我们认为这些方法远没有充分发挥 Transformer 强大的语义表示能力。

为了提高文本聚类算法的性能，主要有两种不同的思想。第一种是从传统聚类算法固有的特点出发，对聚类算法进行改进，无须使用深度学习[37-39]。第二种是利用深度神经网络进行文本聚类，这种方法在最近的研究中占了很大的比例。

随着人工智能的快速发展，由于其具有高度非线性变换的固有特性，可以利用深度神经网络将输入转化为更为友好的聚类模型[40]。如文献[41]所述，深度聚类，即基于深度学习的聚类算法，可分为 4 类：基于自编码器（Autoencoder，AE）的方法（AE-based）、基于深度卷积神经网络（Deep Convolutional Neural Network，DCNN）的方法（DCNN-based）、基于变分自编码器（Variational Autoencoder，VAE）的方法（VAE-based）和基于生成对抗网络（Generative Adversarial Networks，GAN）的深度聚类。自编码器是一种有效的无监督数据表示学习网络。基于自编码器的聚类模型[42-46]通常包括训练聚类损失和训练重构损失。与第一种方法不同，基于 DCNN 的模型[47-53]只训练它们的聚类损失模型，我们认为这比基于自编码器的模型更为直接。近年来，生成模式在许多领域引起了广泛关注，文本聚类也不例外。变分自编码器和生成对抗网络是近年来广泛应用的两种较为流行的深度生成模型，基于这些模型的方法[54-56]比传统聚类方法有了显著的改进。

最近几年，文本聚类的研究重点主要集中在短文本聚类（Short Text Clustering，STC）上。由于文本长度较短，传统的词袋模型或 TF-IDF 向量表示过于稀疏，K-Means 算法的效果受到限制。为了解决类似的问题，已经有较多的文本方法通过自监督训练[57]或表示学习[58-61]进行了尝试。然而，学界对长文本聚类的研究相对较少，因为传统的 TF-IDF 测度所导致的特征稀疏问题相较于短文本得到了有效的缓解，在此表示的基础上再与 K-Means 等聚类方法相结合已经能够取得不错的效果，使得其性能提升潜力不如 STC 任务大。

由于长文本聚类采用词袋模型就能取得相对不错的效果，因此学界的研究主要集中在短文本聚类。本书所处理的文档都由长文本构成，因此在具体的研究过程中借鉴了学界的研究成果并进行了相应改进。

3．文本自动摘要

文本自动摘要（Automatic Summarization）技术，旨在为用户提供简洁而不失重点的信息，从而达到提高信息摄取效率的目的，在信息检索、舆情分析、内容审查等领域都具有较高的研究价值[62]。关于文本自动摘要的研究可以追溯到 1958 年 Luhn 等人[63]关于一个自动文摘系统的研究，该研究首次提出使用文档的词频特征作为摘要提取的依据。经过 60 多年的发展，文本自动摘要技术取得了较大的进步，并逐渐形成了不同的细分研究方向，根据不同的分类标准，可以将文本自动摘要进行不同的划分：

（1）根据是否提供上下文环境，可以将文本自动摘要分为面向查询的文本自动摘要和普通的文本自动摘要。其中，面向查询的文本自动摘要是指，用户为给定的文本集提供查询语句，模型在给定语句的基础上返回与查询。

（2）根据文档的数量，可以将文本自动摘要分为单文档自动摘要和多文档自动摘要。单文档自动摘要是最常见的摘要形式，即为一篇较长的文档生成一个篇幅相对较短但保留了原文主要信息的摘要文本；多文档自动摘要是指从多篇文档中提取信息，从而生成信息密度更大、概括性更强的摘要文本。

（3）根据摘要文本的生成方式，可以将文本自动摘要分为抽取式文本自动摘要和生成式文本自动摘要。抽取式的方法是指，模型在生成摘要文本的过程中仅从原始文档中提取部分的语句或单词序列，而不做任何改变。生成式的方法是指，模型在生成摘要文本的过程中不依赖于原始文档的表达方式，而是在充分理解原文语义的基础上利用新的语言表达方式对原文进行概括。

文本自动摘要技术是计算机通过人为制定的算法和输入的文章自动生成摘要的技术[64]，其目的是找到输入文本的概括性关键信息。由于要为大量的书籍文献生成摘要，图书馆是最早提出文本自动摘要的应用需求的，仅凭人工的方法生成摘要的效率太低，使用自动摘要的方法来替代人工方法，能够高效地完成文献摘要任务[65]。最早的文本自动摘要技术通过词频来衡量一个句子的重要性，但是只考虑词频显然不够全面，忽略了语义等深层内容，后来又有基于线索词、句子位置、标题等表层特征的文本自动摘要方法被相继提出[66]。如上所述，文本自动摘要的方法分为抽取式和生成式两大类，生成式方法主要是通过深度学习来自动生成新的单词、句子，进而形成摘要；而按照技术发展路线划分，抽取式方法又可分为基于统计的、基于外部资源的、基于图排序的、基于机器学习的以及基于神经网络的方法[67]。

生成式方法需要在理解源文档的基础上生成新的词和句子，Fabbri 等人[68]将输入的多篇文档拼接成一篇长文档作为模型的输入，然后将多文档摘要转换成一个序列到序列的单文档摘要任务。为了避免过长的输入导致摘要退化的问题，Liu 等人[69]提出了一个层次编码器，对跨文档之间的潜在关系使用注意力机制表示，而不是简单地将文档拼接，使得文档相互之间的信息可以共享。生成式方法相对复杂，需要真正地理解文本，由于自然语言生成技术的限制，其生成的摘要通常存在语法错误、可读性较差等问题，国外已有部分研究者研究真正意义上的生成式摘要，但是性能还不尽如人意，因此目前对文本自动摘要的研究仍然采用抽取式方法，生成式方法仍处于探索阶段。抽取式方法是指从源文档中直接抽取出能概括关键信息的句子构成摘要，由于其在很大程度上保持了原意，不会出现语法上的错误且相对简单而被广泛使用。常见的抽取式方法有基于质心的方法、基于图排序的方法以及基于机器学习的方法等。

抽取式多文档摘要的关键问题就是要保证抽取句子的主题覆盖度以及多样性，即保证最终生成的摘要包含尽可能多的关键信息并且其中重复信息尽可能少。Radev 等人[70]将基于质心的方法应用到多文档摘要中，将文档中的重要信息浓缩成几个关键词，根据聚类中心与簇中句子的相似度以及句子的位置信息来识别重要的句子，NEATS 也是一个类似的方法[71]，Lamsiyah 等人[72]在此基础上进行改进，提出用句向量表示代替词向量表示，并通过对句子内容相关性、新颖度和位置 3 个指标的线性结合来改进评分函数。Radev 等人[73]还开发了基于片段聚类的多文档摘要系统，将语义相似度高的段落聚集在一起作为不同的主题，并从每个主题中抽取关键词组成句子来生成摘要。上述的方法都是基于聚类的思想，根据语义相似度对多篇文档中的各个句子进行划分，然后针对每一个类别，对其中的句子排序并抽取摘要句。在对多文档摘要技术的研究中，聚类算法受到了越来越多的重视，对句子集合划分的目的是区别多个文档中所包含的不同的子主题，从而保证最终抽取出的摘要的全面性。还有很多研究对聚类的过程进行优化，Ouyang 等人[74]在基于质心的基础上进行改进，在计算质心时采用基于结构的 SVM 算法，并使用 MMR 算法来消除重复句子；黄志远[75]提出基于 HowNet 的聚类用于实现多文档摘要，使用基于密度的聚类算法对词语、句子进行聚类，并将聚类后子主题的内容丰富度和句子的内容丰富度有序结合以得到摘要句。

基于图排序的方法在文本自动摘要中取得了显著效果，研究者也逐渐将其应用到多文档摘要中，该方法可以利用整个文本的信息来进行排序。TextRank[76]和 LexRank[77]提出了两种常见的图排序算法；Wu 等人[78]提出了一种挖掘主题的新方法，该方法结合 LDA 主题模型。为了解决多文档中句子重要度排序的问题，Ying 等人[79]设计了一种通用的方案，首先使用 LDA 模型计算句子权重，然后计算句子与主题之间的相似度，最后根据句子权重和相似度来对句子排序。陈维政等人[80]通过维基百科实体增强的方法来提升多文档摘要的性能，在基于图排序的基础上，用句子与维基百科知识的相关程度进行调整。Abeer 等人[81]提出将多种基于图排序的方法相结合，在计算边的权重时，对 4 种不同的相似度计算方法进行线性组合，此外，结合两种不同的图排序算法：PageRank[82]和 HITS[83]。在基于图排序的方法中，如果直接对多篇文档中的全部句子构建图模型，由于句子数量过多，会使得排序的效率下降，因此更多研究致力将聚类算法与图模型结合起来生成多文档摘要。张云纯等人[84]提出了一种聚类和图模型相结合的方法，首先使用基于密度的两阶段聚类方法为全部句子划分主题，然后在各个子主题下，在 TF-IDF 算法的基础上建立图模型，最后使用多特征融合的方法对句子进行打分并选取得分高的句子作为摘要句，并按照其在原文中的顺序以及文档的发表时间排序生成最终的摘要。

深度神经网络随着不断发展已经被广泛应用于文本自动摘要中，且被证实能有效提高文本摘要的质量，特别地，神经抽取式方法关注学习源文档中句子的向量表示。Cao 等人[85]使用卷积神经网络训练文本分类模型，然后将文档通过分类模型进行分布式表示，利用表示向量来连接文本分类和摘要生成，解决了训练数据不充足的问题。Yasunaga 等人[86]提出使用图卷积网络获取句子嵌入，通过句子关系图来对句子进行重要性评估。Wang 等人[87]构建了一个超图网络进行摘要抽取，在句子级节点的基础上，在图中增加更多的语义单元额外的节点，使句子之间的关系更加丰富。Cho 等人[88]将行列式点过程（Determinantal Point Process，DPP）应用于抽取式多文档摘要中，并使用胶囊网络[89]对 DPP 中句子对之间的相似度计算方法进行改进，以保证摘要中句子的高度多样性。Narayan 等人[90]通过强化学习对 ROUGE 度量进行全局优化，完成抽取式摘要模型的训练，在训练期间，结合最大似然交叉熵损失与强化学习的奖励，直接优化与摘要任务相关的评估指标。

从最近的研究来看，学界对文本自动摘要的研究以生成式方法为主，基于抽取式的方法相对较少。从定义上来看，抽取式方法由于其生成的文本全部来源于原始文档，因此其表达能力受限，且容易出现语句之间衔接不连贯、摘要文本的概括性不强等问题；生成式方法虽然有一定的不可控度，但表达能力和概括能力的上限要远超过基于抽取式的方法，因此成为诸多研究的主要研究对象。尤其是深度神经网络在近年取得了较快发展，基于深度学习的模型得益于参数量、模型网络结构以及训练方式的不断提升优化，表达能力和泛化能力有了较大提升，使得生成式文本自动摘要逐渐超越传统的抽取式方法成为学界主流方法。以下将对 Seq2Seq 框架、注意力机制、Copy 机制、Coverage 机制等基于深度神经网络的生成式文本自动摘要关键技术做简要介绍。

序列到序列（Sequence-to-Sequence，Seq2Seq）框架作为 NLG 领域成功的结构之一，最早是在解决机器翻译问题中被引入[64]的，该框架相较于传统的统计翻译模型（SMT），以一种极其简明、优雅的方式更好地解决了机器翻译问题，迅速得到研究者们的青睐，并被应用于许多其他领域且都取得了很好的效果，成为 NLG 领域主流的方法之一。

Seq2Seq 本质上是一个编解码（Encoder-Decoder）结构，顾名思义，编解码结构包含编码器（Encoder）和解码器（Decoder）两个部分。编解码的主要作用是完成从源序列 $X = \{X_1, X_2, \cdots, X_n\}$ 到目标序列 $Y = \{Y_1, Y_2, \cdots, Y_m\}$ 的映射，其中编码器的作用是将原文本编码成一个向量，即 Context Vector（上下文向量），用 $\boldsymbol{C}$ 表示，然后将 $\boldsymbol{C}$ 交给解码器进行解码，输出目标文本，在解码阶段，解码器在每一个解码时刻的输出仅依赖于语义编码向量 $\boldsymbol{C}$ 和历史输出序列：

$$Y_i = D(\boldsymbol{C}, Y_1, Y_2, \cdots, Y_{i-1}) \qquad (0-1)$$

注意力机制即 Attention 机制，顾名思义，是一种能让模型对重要信息重点关注并充分学习吸收的技术，能够作用于各种序列模型中。

在 Seq2Seq 框架中，对于一段文本序列，通常需要使用某种机制对序列进行编码，通过降维等方式将其编码成一个固定长度的向量。一般编码器的选择以 RNN 为主（包括 GRU 和 LSTM），在依次对序列输入进行编码后，采用各种池化手段或直接取最后一个时刻的隐层状态作为语义向量的输出。这种常规的编码方法，无法体现模型对一个序列中不同词语的关注程度，而注意力机制能够解决这个问题。以 Seq2Seq 结构为例，注意力机制的基本流程如下。

（1）给定某句子 S，由单词序列 $[w_1, w_2, w_3, \cdots, w_n]$ 构成，使用某方法将 S 中的每个单词 w_i 编码为一个单独向量 v_i。

（2）使用学习到的注意力权重 a_i 对 S 中所有单词向量做加权线性组合 $\sum_{i=1}^{n} a_i v_i$。

（3）解码器使用（2）中得到的线性组合进行下一个词的预测。

在训练时，将解码器中的信息定义为 Query，将编码器中的信息定义为 Key 和 Value，使用 Query 和 Key 通过一个函数可以得到注意力权重 $a_i = F(\text{Query}_i, \text{Key})$，其中核心的步骤就是注意力权重计算函数的实现方式，常用的比较简单的方式是点乘法（Dot Product）。

在原始 Seq2Seq 结构中，固定长度的语义向量（Context Vector）是提升系统文本生成性能的瓶颈[13]，注意力机制的引入使系统在解码生成输出序列时能够充分且恰当地利用输入序列的信息，在机器翻译[13]、自动摘要[65]等领域应用取得了较好的效果。

刘家益等人[66]的研究在原先的基础上增加了一个 Copy 机制。其模型 CopyNet 在生成步骤时，可以选择生成模式或复制模式，生成模式就是沿用的注意力机制，而复制模式就是对输入序列进行单纯复制。Copy 机制的想法来源于人类在阅读文章、生成摘要的过程中，除自己会生成一些概括语句之外，还会从文章中摘抄一些核心句子，较好地解决了文本生成过程中的词汇量不足（Out of Vocabulary，OOV）问题以及对专有名词不敏感的问题，取得了当时最先进的（State-of-the-art，SOTA）成绩。

唐晓波等人[67]的研究指出虽然注意力机制等的引入，使基于 Seq2Seq 框架的机器翻译性能达到了一个很高的程度，但却容易忽略过去的对齐信息（Past Alignment Information），导致对某些单词出现"过度翻译"或"漏翻译"的问题。他们的论文中将 Coverage 机制引入 Seq2Seq 结构中，解决了机器翻译过程中的"过度翻译"和"漏翻译"问题。实际上该机制就是使模型在输出过程中尽量均匀地参考每一个输入序列的信息，避免某些输入序列被多次使用或漏使用的情况发生。而在文本自动摘要的场景下，该机制能够使模型尽量完整又不重复地将原始文档的主要信息包含在生成的摘要之中。

4. 文本信息检索

信息检索（Information Retrieval，IR）技术用于帮助用户从海量文本中检索出与用户查询相关度高的文本，是自然语言处理中的一个研究热点。IR 最早是为了满足图书馆中对文献查找的需求，随着其不断发展，已经成为一门跨学科、跨领域的交叉学科，其核心问题是计算文档与给定查询之间的相关性，也就是文本匹配的问题。常见的信息检索模型有以下几类。

1）传统的信息检索模型

传统的信息检索模型有布尔模型、向量空间模型、概率模型以及统计语言模型。其中，布尔模型使用二值评定标准，是一种结构化插叙，该类模型使用简单且检索速度快，但是检索结果不够精确，不能反映文档中的不同词对于文档的重要程度；向量空间模型是一种常用模型，其检索过程就是将查询与待检索文档均表示成向量，通过相似性度量方法计算二者之间的相似度，并根据相似值的大小对检索结果进行排序；概率模型计算查询与待检索文档之间的相关概率，根据概率值对这些文档进行排序；统计语言模型统一了语义查询扩展、结构化查询、相关性反馈等技术，这些技术均与信息检索相关。传统的检索模型一直在被不断改进和应用，如 Robertson 等人[91]提出的 BM25 模型，也被称为 Okapi 模型，它通过词项频率和文档长度归一化来改善检索结果。李宇[92]提出，由于对文本的长度设置了平均值，在实际应用中，对于一些有用的长文档，BM25 模型通常会过度惩罚。Na 等人[93, 94]将 BM25 模型改进为 vnBM25 模型，改进后的模型对文本长度所带来的冗余影响能起到一定的缓解作用。Kusner 等人[95]提出了词移距离（Word Mover's Distance，WMD）的概念，这类算法从转换成本的角度上计算文本之间的相似度。传统的检索模型通常使用词项频率，往往忽略了文本的语义信息，从而无法充分理解用户的查询意图。

2）基于机器学习的信息检索模型

基于机器学习的信息检索模型包括有监督学习、半监督学习等，如 Ranking SVM[96]，它是一种 Pointwise 的排序算法，通过训练一个二分类器判断样本是否是相关文档来对其进行分类，该算法将排序转化成了一个分类问题。Wang 等人[97]将 GAN 用于信息检索，通过 GAN 的思想结合生成检索模型和判别检索模型，使用基于策略梯度的强化学习来训练。上述方法依赖于大量人工定义的特征。

3）神经信息检索模型

为了避免机器学习中人工定义特征的问题，深度神经网络，作为一种表示学习方法，已经被广泛应用于 NLP 任务[98]，并取得了显著成果，鉴于此，研究者尝试将深度学习应用于 IR 中。现有的神经信息检索模型可大致分为两类：语义匹配模型和关联匹配模型。语义匹配模型主要关注文本的表示，通过深度神经网络将查询和待检索文档映射到低维的向量空间，通过向量之间的相似度计算查询与待检索文档之间的相似度；关联匹配模型主要关注文本之间的交互，对查询和待检索文档之间的局部交互进行建模，使用深度神经网络学习层次交互信息以得到全局的相似度得分。对于一个语义匹配模型，其中的深度神经网络为查询和待检索文档学习一个好的表示，然后直接使用匹配函数去计算二者之间的相似度得分，该类模型关注的重点在表示学习上，如在 DSSM[99]中，深度神经网络使用的是一个前馈神经网络，匹配函数则是余弦相似度函数；在 C-DSSM[100]中，使用卷积神经网络学习查询和待检索文档的向量表示，然后使用余弦相似度函数计算二者之间的相似度得分。

Guo 等人[101]指出，IR 中所要求的匹配与 NLP 任务中所要求的匹配是不同的，若在创建文本表示之后再令其进行交互，可能造成精确匹配信息的丢失。关联匹配更适用于检索任务，首先针对查询中的每个词，分别令其与待检索文档中各个词进行交互，获取局部相似度矩阵，然后使用深度神经网络学习层次匹配模式以获取全局相似度得分。例如，ARC-II[102]和 MatchPyramid[103]模型使用词向量之间的相似度得分作为两个文本的局部交互信息，然后使用分层的卷积神经网络来进行深度匹配；DRMM 模型首先计算查询-文档对词之间的相似度得分，并将其映射成固定长度的直方图，然后将相似度直方图送入一个前馈神经网络以获取最终的得分；K-NRM[105]模型使用核池化来代替 DRMM 模型中的相似度直方图，有效解决了生成直方图时桶边界的问题。

随着文本长度的增加，开始出现针对长文本的检索，常见于冗余文档处理、不端文献检测等，使用以词为单位的检索方法往往会忽略文本的语义信息，从而影响检索性能，而以整个文档为单位进行检索同样会影响检索性能，因为与查询相关的词往往在文档中分散出现，并且文本长度通常会影响文本相似度的计算[105, 106]。近年来已经有学者提出句子级的检索方法，但是这些方法仅使用无监督学习将查询句与文档句之间的相似度得分简单整合以获取最终得分。左家莉等人[107]提出 3 种整合方法：第一种是将文档中每个句子的相似度得分进行累加以获得整个文档的相似度得分；第二种是将文档中全部句子相似度得分的平均值作为整个文档的相似度得分；第三种是取文档中句子相似度得分的最大值作为文档的相似度得分。李宇等人[108]提出了相关片段比率的概念，取文档中句子相似度得分的最大值，并计算其与文档相关片段比率的乘积作为整个文档的相似度得分。

0.1.2 文本整编关联的关键技术

1. 语言模型

自然语言是人类社会重要的信息载体，和数字一样，任何一门语言都可以看作是一种信息编码的方式，语法规则便是编解码的算法，这便是自然语言的数学本质。使用计算机对自然语言进行研究可以追溯到 1950 年 Alan Turing 在论文[109]中所提出的图灵测试（Turing Test）问题。从那时起，NLP 70 多年的发展过程大致可以分为两个阶段：第一个阶段是从 20 世纪 50 年代到 70 年代，当时的学术界对 NLP 的理解还存在一定局限性，主流思想都认为若要计算机完成翻译或语音识别等任务，首先需要让计算机理解自然语言就像人类理解自然语言一样。基于这个思路，当时 NLP 的研究重点在于句法分析和语义分析，所得成果是一种被称作文法分析器的方法，该方法通过将自然语句构建出语法解析树的方式进行处理。这种方法被 Donald Knuth 证明时间复杂度为输入语句长度的六次方，因此并不具备实用价值。第二个阶段是从 20 世纪 80 年代至今，以统计语言学的出现为开端，这种方法首先被用来解决语音识别问题，随后成为了当今所有 NLP 的基础，而语言模型也成为了 NLP 领域最重要最有代表性的方法。根据发展历程，语言模型的发展历经了传统统计语言模型、神经网络语言模型以及预训练语言模型 3 个阶段，以下将对这 3 个阶段进行简要阐述。

1）传统统计语言模型

从本质上讲，自然语言是一种上下文相关的信息表达方式，而统计语言模型是为这种上下文相关信息特性所建立的数学模型。统计语言模型的思路在于采用概率学的方法，衡量每一个语句出现的可能性，即对于任意词序列，语言模型能够计算该序列构成一句话的概率。若一个词序列能够构成一个语句的可能性越大，则代表该语句越合理。假设用 S 表示由单词 $w_1, w_1, w_3, \cdots, w_n$ 组成的句子，句长为 n，则句子出现的概率可表示为

$$P(S) = P(w_1) P(w_2 \mid w_1) P(w_3 \mid w_1, w_2) \cdots P(w_n \mid w_1, w_2, \cdots, w_{n-1})$$

$$= \prod_{i=1}^{n} P(w_i \mid w_1 \cdots w_{i-1}) \tag{0-2}$$

其中，$P(w_1)$ 表示第一个词 w_1 出现的概率；$P(w_2 \mid w_1)$ 表示在已知第一个词的前提下，第二个词出现的概率，以此类推。从式 $(0-2)$ 中可以看出，预测词 w_n 取决于它前面的所有单词 w_1，w_2，$\cdots$，w_{n-1}。若直接采用式 $(0-2)$ 计算 $P(S)$，则当词序列的长度 n 较长时，$P(w_n \mid w_1, w_2, \cdots, w_{n-1})$ 的计算将变得极为困难。为解决该问题，统计语言模型引入了马尔可夫假设（Markov Assumption），即任意一个单词 w_i 出现的概率只与它前面固定的有限个（记为 m）单词有关，当 $m = 2$ 时，称作二元（Bigram）模型，当 $m = 3, 4$ 时，分别称作三元（3-gram）模型和四元（4-gram）模型，以此类推。这里以二元模型为例，根据条件概率公式可得 $P(w_i \mid w_{i-1})$ 的定义如下：

$$P(w_i \mid w_{i-1}) = \frac{P(w_{i-1}, w_i)}{P(w_{i-1})} \tag{0-3}$$

式 $(0-3)$ 中联合概率 $P(w_i \mid w_{i-1})$ 以及边缘概率 $P(w_{i-1})$ 由语料库中相应的词序列出现的频率决定。假设在语料库中词序列 $(w_i \mid w_{i-1})$ 出现的频次为 $N(w_i \mid w_{i-1})$，单词 w_{i-1} 在语料库中出现的频次为 $N(w_{i-1})$，将整个语料库所包含的单词记为 N，则可得词序列 $(w_i \mid w_{i-1})$ 和单词 w_{i-1} 在语料库中的出现频率为

$$f(w_{i-1}, w_i) = \frac{N(w_{i-1}, w_i)}{N} \tag{0-4}$$

$$f(w_{i-1}) = \frac{N(w_{i-1})}{N} \tag{0-5}$$

当语料库中所包含的单词量足够大时，根据大数定理，频率可以近似等同于概率，从而有

$$P(w_{i-1}, w_i) \approx \frac{N(w_{i-1}, w_i)}{N} \tag{0-6}$$

$$P(w_{i-1}) \approx \frac{N(w_{i-1})}{N} \tag{0-7}$$

再根据条件概率公式，可以得到 $P(w_i \mid w_{i-1})$ 为

$$P(w_i \mid w_{i-1}) = \frac{N(w_{i-1}, w_i)}{N(w_{i-1})} \tag{0-8}$$

根据此公式，可求得语料库中所有的词序列出现的概率。

传统的统计语言模型虽然形式简单，但实际效果却证明统计语言模型比基于文法规则的方法能够更好地解决语音识别、机器翻译等问题，其思想也一直影响着 NLP 领域的方方面面。尽管如此，统计语言模型还是存在一定问题：即使马尔可夫假设已经通过牺牲部分信息的代价大大降低了运算的复杂度，但高元统计语言模型依旧有着庞大的计算量。统计语言模型的缺点比较明显，一方面是对语料库中的序列统计时容易出现"数据碎化"，即大量现实存在的语言序列可能在语料库中出现次数很少，因此在训练过程中易出现数据稀疏的问题；另一方面 N-gram 模型的设计本身存在局限，其难以捕捉长距离的语义关系，因此在实际使用中很难达到较好的效果。此外，维度灾难的问题也在一定程度上制约了统计语言模型在大规模语料库上的建模能力，在实际使用中，一般 N-gram 统计语言模型选择 N

的值为 4 或 5 就已经达到当今高性能计算设备的极限了。

2）神经网络语言模型

由于传统的统计语言模型存在维度灾难等问题，之后的研究开始引入神经网络（Neural Network，NN）将语言模型映射到一个连续空间。在传统不借助神经网络的 NLP 算法中，算法的性能好坏通常在较大程度上依赖于人工特征工程的质量，而基于神经网络的算法则使用相对低维且稠密的向量（词的分布式表示）来建模语言的语义特征。

不同于统计语言模型，神经网络语言模型采用机器学习的方法构建语言模型，这种方法首先使用神经网络构建一个机器学习模型，然后在文本语料集上通过学习的方法使该神经网络模型能够尽可能地拟合真实文本数据中的文本序列出现的概率。

最早尝试将神经网络应用于语言模型的研究可以追溯到 2000 年 Xu 等人发表的一篇论文[110]，文中的模型虽然性能比传统的统计语言模型更优，但由于缺乏隐藏层，其泛化能力太差而不能很好地捕捉到语句特征。

Bengio 等人[111]提出的前馈神经网络语言模型（Feedforward Neural Network Language Model，FFNNLM），通过学习词的分布式表示解决了传统语言模型所存在的维度灾难问题，对每一个单词使用一个低维向量进行表示，即词向量。该模型第一次采用神经网络解决语言模型问题，为之后深度学习在解决语言模型问题以及 NLP 领域的其他问题奠定了坚实基础。

循环神经网络（Recurrent Neural Network，RNN）的结构具有递归特性，适合处理序列信息，如文本、语音等，因此采用循环神经网络的语言模型应运而生。Mikolov 等人提出的基于循环神经网络的语言模型[112]，推动了神经网络语言模型的进一步发展。除了语言模型本身，从神经网络语言模型中衍生的副产物词向量也逐渐被越来越多的研究所关注，2013 年 Mikolov 等人的研究首次提出一个专门训练词的分布式表示的神经网络语言模型 Word2vec[113, 114]，该模型通过 Skip-gram 和 CBOW 两个任务训练一组分布式的低维词向量。尽管卷积神经网络（Convolutional Neural Network，CNN）在 NLP 领域中并不常见，但也有基于卷积神经网络进行语言模型建模的尝试[115]。

3）预训练语言模型

预训练语言模型与常规神经网络语言模型最大的不同在于其预训练过程，本质上利用了迁移学习[116]的方式增强了模型的表达能力。自深度学习方法兴起后，预训练就是计算机视觉（Computer Vision，CV）领域的一种常规操作，且该方法被实验证明了有效性，能够明显促进下游应用的效果。

随着并行计算平台的不断发展，深度神经网络模型的层数越来越多，参数量也越来越大。然而大多数公开任务数据集的量级相较于这些深度模型的参数量级小很多，有限的数据很难较好地训练愈加复杂的网络，从而导致欠拟合现象的产生。预训练过程的出现就是为了解决这个问题，通过在大量无标签的通用数据上进行特定任务的训练，将训练好的参数用作模型的初始化，再将预训练后的模型用于下游具体任务的训练，能够显著提升模型的收敛速度和表达能力。

从本质上讲，前文所提的词向量可以看作 NLP 领域最早的预训练模式。Collobert 等人[117]的研究最早通过实验证明了在无标签的文本上经过预训练获得的词向量能够显著地提升模型在许多 NLP 任务上的性能表现，如 Word2vec、Fasttext[118] 和 GloVe[119] 等比较经典的词向量模型都通过特定的训练任务学习单词的分布表示，然后下游任务将其作为迁移学习的成果引入，并针对任务的特点设计相应的模型。在相同的时间段，许多研究也试图训练模型学习语句、段落乃至整篇文章的向量表示，如 Paragraph vector[120]、Skip-thought vector[121] 以及 Context2Vec[122] 等。在比较长的一段时间里，NLP 的主流方法就是依靠这种"词向量＋针对任务的网络"方法处理各种子任务，虽然也取得了一定的进步，但并不直观。根据 Bengio 等人[123]的观点，一个好的文本表示应该能够表达通用的先验知识，而不是受限于特定的任务。如果说传统 NLP 对于各种子任务设计不同的网络结构可以看作是一种受限于特定任务的解决方式，那么预训练语言模型的期望便是学到一个通用的文本表示，这样的表示才能对不同的下游任务存在普遍而广泛的帮助。因此，预训练语言模型逐渐成为 NLP 中最重要的方法之一。

Dai 等人[124]首次在 NLP 领域提出了成功的预训练语言模型，该研究分别通过语言模型和一个 Seq2Seq 的任务训练了由堆叠的 LSTM 组成的模型，实验结果发现通过预训练可以优化该模型在多个文本分类任务中的训练过程和泛化能力。Liu 等人[125]使用语言模型任务训练了一个参数共享的 LSTM 编码器，并将其在多任务学习（Multi-Task Learning，MTL）的框架下进行微调，验证了"预训练＋微调"的方式能够进一步提升模型在若干个文本分类任务上的成绩。自此，NLP 领域的通用框架逐渐开始从"词向量＋针对任务的网络"向"预训练＋微调"的模式转变。

ELMO 模型[126]首次提出了融入上下文信息的深度单词表示（Deep Contextualized Word Representation），之前的词向量模型只能获得对应每个单词的唯一静态分布式表示，而 ELMO 模型所生成的词向量是动态的，会根据其上下文的单词发生变化，从而很好地解决了一词多义问题。此外，基于经典词向量的迁移学习方式是割裂的，模型只是将词向量当作一个输入来使用，在后续具体任务的训练中词向量的表示并不会变化。具体来讲，ELMO 模型采用了典型的两阶段训练过程，即第一阶段利用双向语言模型任务进行预训练；第二阶段在下游任务中，从预训练模型中提取对应单词的动态词向量作为新特征补充到下游任务中。ELMO 模型主体是堆叠多层的双向长短时记忆网络（Bidirectional Long Short-Term Memory，Bi-LSTM），预训练的任务是一个正向和一个反向的语言模型。

GPT（Generative Pre-training）模型[127]是另一个重要的预训练语言模型，同样采用两阶段训练过程。GPT 模型与 ELMO 模型的不同之处在于：① GPT 模型所使用的特征提取器不是 LSTM 或者其他循环神经网络，而是采用了 Transformer[128] 这个新兴的特征提取器；② GPT 模型仍然使用了传统的单项语言模型作为训练目标。其中 Transformer 的引入是比较重要的特点，上文已经提到过，循环神经网络适合处理文字、语言这种序列输入，但其在计算中所存在的按时间递归的特性决定了其不好使用并行化方法进行加速，导致许多采用 RNN 作为特征提取器的模型需要较长的训练时间。CNN 虽然可以通过并行化计算加速模型的收敛，但由于卷积核和感受野的限制，基于 CNN 的模型若要捕捉文本中的长距离依赖就需要堆叠多层，且往往效果不佳。相比之下，Transformer 结构仅仅依靠注意力机制（Attention Mechanism）[129]，完全摒弃了 CNN 和 RNN 结构，被实验证明在机器翻译等多个 NLP 子任务中取得了更好的性能表现，也逐渐超过 RNN 成为 NLP 领域最常用的特征提取器。

上文所提的 GPT 模型虽然采用了 Transformer 结构，但由于采用了单向语言模型的训练任务，其在一些需要融合上下文信息的子任务（如阅读理解等）中的表现不如 ELMO 这种双向语言模型。而 ELMO 模型的缺点在于其使用的 Bi-LSTM 结构限制了其性能上限。BERT 模型结合了两者的优点：采用 Transformer Encoder 结构作为基本的模型单元，规避了 ELMO 模型采用 Bi-LSTM 表达能力不强的问题；在预训练阶段设计了新的训练任务，回避了 GPT 模型在训练中不能同时兼顾上下文的问题。除此以外，BERT 模型还在预训练阶段加入了句子预测（Next Sentence Prediction）这个新任务，用来捕捉文本中不同语句之间的联系，这对模型解决涉及多个语句间联系的子任务有帮助。实验结果表明，将 BERT 模型应用于下游任务，在包括 GLUE[130]、SquAD[131] 等的 NLP 子任务上取得了 SOTA 成绩。

即使后续的研究证明 BERT 模型还是存在不少问题，但 BERT 模型作为第一个成熟且被广泛使用的预训练模型，将 NLP 领域从此带入预训练语言模型的道路上，为后续的一系列研究奠定了坚实的理论和实践基础，自此，"预训练＋微调"模式成为了预训练语言模型在下游任务中的主流工作方法。

经过近几年的发展，预训练语言模型在许多研究中都起到了不可忽视的作用。自监督训练（Self-supervised Training）是指模型可以直接从无标签数据中自行学习，无须标注数据。作为自监督训练的一种，预训练语言模型（Pre-trained Language Models，PLM）是指在大规模无标注文本上学习统一的语言表示，从而方便了下游 NLP 任务的使用，避免了从头开始为一个新任务训练一个新的模型[132]。自监督训练的核心在于如何自动为数据产生标签，而 PLM 的训练任务基本都是语言模型任务或是语言模型的各种变体，因而不同 PLM 的训练数据标注方式也是与其自身的训练任务特定相关的。

从训练任务上分，PLM 可分为因果语言模型（Causal Language Model，CLM）和掩码语言模型（Masked Language Model，MLM）两种。CLM 又被称作自回归模型（Autoregressive Model），代表性的模型包括 GPT 系列模型[127, 133-134]、CTRL[135]、Transformer-XL[136]、Reformer[137] 以及 XLNet[11] 等。该训练任务通过依次输入文本中的单词来预测下一个单词，假设有文本序列 $\boldsymbol{x}_{1:T}=[x_1, x_2, \cdots, x_T]$，则在 CLM 的训练过程中该文本序列的联合概率分布 $p(\boldsymbol{x}_{1:T})$ 描述如下：

$$p(\boldsymbol{x}_{1:T}) = p(x_1) \cdot p(x_2 \mid x_1) \cdots p(x_T \mid x_1, x_2, \cdots, x_{T-1})$$

$$= \prod_{t=1}^{T} p(x_t \mid \boldsymbol{x}_{<t}) \tag{0-9}$$

MLM 又被称作自编码模型（Autoencoding Model），通常采用随机添加掩码的方式将输入文本序列中的部分单词遮盖掉，然后根据输入文本的剩余部分预测被遮盖掉的单词，常见的模型包括 BERT[10]、ALBERT[138]、RoBERTa[12]、DistilBERT[139] 以及 XLM[140] 等。假设输入文本序列依旧为 $\boldsymbol{x}_{1:T}=[x_1,x_2,\cdots,x_T]$，对输入语句进行掩码操作后的 $m(\boldsymbol{x})$ 表示被遮盖的单词，而 $\boldsymbol{x}_{\backslash m(\boldsymbol{x})}$ 表示原始文本去除被遮盖掉单词的其余文本，则在 MLM 训练过程中该文本序列的联合概率分布 $p(\boldsymbol{x}_{1:T})$ 描述如下：

$$p(\boldsymbol{x}_{1:T})=p(m(\boldsymbol{x})\mid \boldsymbol{x}_{m(\boldsymbol{x})})\approx \prod_{\hat{\boldsymbol{x}}\in m(\boldsymbol{x})}p(\hat{x}\mid \boldsymbol{x}_{\backslash m(\boldsymbol{x})}) \qquad (0-10)$$

2. 深度神经网络

根据 Kohonen 等人的定义："神经网络是由具有适应性的简单单元组成的广泛并行互联的网络，它的组织能够模拟生物神经系统对真实世界物体所作出的交互反应"[141]。直观上看，神经网络启发于人类大脑的工作原理，通过对输入和输出数据之间的非线性关系进行建模，为计算提供了一种新的方法。深度学习方法流行以来，学界关于神经网络模型结构上的创新从未停止，下面将对 NLP 领域常用的神经网络结构做简要介绍。

1）前馈神经网络

前馈神经网络（Feedforward Neural Network，FNN）又称作全连接神经网络或多层感知机（Multi-Layer Perceptron，MLP），是最原始、最基础的神经网络结构。

前馈神经网络结构由若干分别属于不同层的神经元组成，其中相邻两层的神经元之间两两存在由低层到高层的单向连接，其他神经元之间则没有连接，整个网络可用一个有向无环图表示。照此结构，每一层的神经元可以接受低一层神经元的信号并进行处理，将新的信号输入到高层，从而实现信息从低层到高层的传递。其中第 0 层也称作输入层，最高层也称作输出层，中间的其余各层称作隐藏层。

2）循环神经网络

循环神经网络（RNN）是神经网络的一种，它能够捕捉输入数据的序列特征。通过前馈神经网络处理序列中的每一个输入项，并将模型的输出作为序列的下一个输入项，此过程能够帮助存储前面每步的信息。这样的"记忆"使得 RNN 在语言生成中有着出色的表现，因为记住过去的信息能够更好地预测未来。与马尔可夫链不同的是，在进行预测时，RNN 不仅关注当前单词，还关注已经处理过的单词。但是 RNN 存在梯度消失的问题，且随着序列长度的增加，RNN 不能存储那些很久前遇到的单词，只能根据最近的单词进行预测。这使得 RNN 无法应用于生成连贯的长句子。长短时记忆网络（Long Short-Term Memory，LSTM）[142] 和门限循环单元（Gate Recurrent Unit，GRU）[143] 作为 RNN 的变体引入了"门"的机制控制数据在网络内的传输，更适合处理长序列。

3）卷积神经网络

相较于循环神经网络，卷积神经网络（CNN）最早起源于也更适合于计算机视觉领域，且取得了许多突出成果[144-147]。也有研究尝试将 CNN 应用于 NLP 的部分任务或场景并取得了不错的效果。例如，Dauphin 等人于 2016 年提出的基于堆叠 CNN 构建的语言模型 GLU[148]，该模型在 WikiText-103 和 Google Billion Word 两个数据集上取得了比当时所有基于 RNN 构造的语言模型更优异的成绩，且速度更快。但 CNN 不适合处理长序列的缺点，也限制了其在 NLP 领域的进一步发展，后续研究一般只会用 CNN 做一些处理短距离依赖的辅助性工作。一种比较常用的方法是利用 CNN 获得单词的字母级别特征作为辅助词向量的额外信息嵌入[149, 150]。

4）Transformer

尽管 RNN 有着天然适配序列输入的特性，但其运算不能并行、层数不宜过多且容易出现梯度爆炸和梯度消失的缺点，使后续的研究需要不断寻找更加适用于文本序列处理的新的特征提取器。Vaswani 等人[128]在 2017 年发表的论文中开创性地提出了 Transformer 结构，在机器翻译任务上取得了优于以往的成绩。Transformer 结构结合了 Multi-Head Attention（多头注意力）、残差连接[151]和 Layer Normalization[152]等多个算法。Transformer 相较于 RNN 最大的优势是能够并行计算，尽管 Transformer 的每一层都需要分别计算注意力矩阵并根据矩阵权重对输入进行赋值从而导致较大的计算量，但得益于并行化计算工具的进步，所需要的计算时间相较于 RNN 反而更有优势，且实验结果表明其在特征提取的性能方面同样优于 RNN。因此，Transformer 完全摒弃了 RNN 和 CNN 结构，并逐渐成为后续研究中最常用的特征提取器。

完整的 Transformer 结构分为编码器和解码器两个部分，编码器部分由自注意力和仿射变换两部分组成，其中自注意力层由一个多头自注意力层和一个融合残差连接的正则化层（Add&Norm）构成，仿射变换由一个全连接网络层（Feed Forward）和一个融合残差连接的正则化层构成。解码器部分的结构大体与编码器部分相似，只是多了一个带掩码的多头自注意力层（Masked Multi-Head Attention），用以调控模型在进行文本生成时可以参考的输入文本范围。

目前尽管 Transformer 在实验表现上超过了 RNN 和 CNN 结构，但基于 Transformer 的大规模预训练语言模型的算法本身依然存在缺陷，以 BERT 模型为例，PLM 存在过参数化（Overparametrization）以及重复学习注意力模式的问题[153]。因此，无论是当前主流的 PLM，还是 Transformer 结构本身，都存在改进的空间。本书的后续章节在具体研究中都采用了 Transformer 结构，并根据训练任务的具体实际对其进行了部分调整。

5）Sentence-Bert 句子表示学习

NLP 中的一个重要问题就是文本表示，将文本表示成计算机能够识别并处理的形式，随着其不断发展，出现了 Bert[10]、Robert、GPT-2 等预训练模型，但对语义相似度计算大都不适用，因为这些模型在进行相似度计算时，需要将句子对同时输入模型来进行交互，在计算上造成了大量的开销。为了解决语义搜索的问题，通常将句子映射到向量空间，令语义相似的句子在向量空间中相近。Reimers 等人[154]指出，直接将句子输入预训练模型获取的句向量缺少语义信息，即不同的句子可能会有相似的句向量。Sentence-Bert 采用孪生网络或三重网络结构，通过对预训练的 BERT/RoBERTa 进行微调，更新模型参数，使调整后的模型所产生的句向量具有语义信息，可直接通过余弦距离计算句子之间的相似度。Sentence-Bert 网络结构可用于特定的任务，针对不同的训练任务，主要有以下几种使用不同目标函数的网络结构。

（1）分类目标函数。

如图 0-1 所示，将不同句子输入两个 Bert 模型中，这两个 Bert 模型共享参数，分别获取两个句子的向量表示 u、v，通过按位求差 $|u-v|$ 将二者拼接，然后与可训练的权重 W_t 相乘，如式（0-11）所示，其中 $W_t \in \mathbf{R}^{3d*k}$，$d$ 为句向量的维度，k 为标签的个数。在对模型进行训练时，使用交叉熵损失函数。

$$o = \mathrm{softmax}(W_t(u, v, |u-v|)) \tag{0-11}$$

（2）回归目标函数。

如图 0-2 所示，使用余弦函数计算两个句向量 u 和 v 之间的相似度，在对模型进行训练时，使用均方误差作为损失函数。

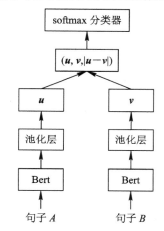

图 0-1　使用分类目标函数的
Sentence-Bert 网络结构

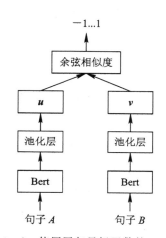

图 0-2　使用回归目标函数的
Sentence-Bert 网络结构

（3）三重目标函数。

在使用三重目标函数时，原来模型中的输入由两个变成了三个，给定一个句子 a、一个与其相关的句子 p 和一个与其无关的句子 n，通过使 a 与 p 之间的距离小于 a 与 n 之间的距离来优化模型，最小化式（0-12）中的损失函数，其中 s_a、s_p 和 s_n 分别表示句子 a、p 和 n 的向量，$\|\cdot\|$ 为距离度量，ε 为边缘参数。

$$\max(\|s_a - s_p\| - \|s_a - s_n\| + \varepsilon, 0) \tag{0-12}$$

Sentence-Bert 模型能够从语义上对句子进行很好的表征，使语义相似的句子在向量空间中的距离相近，利用 Sentence-Bert 模型可以很好地完成聚类、大规模语义比较、通过语义搜索的信息检索等任务。

6）指针网络

指针网络主要用于解决组合优化类问题，在传统的 Seq2Seq 模型中，解码器输出目标的大小是固定的。对于随着输入序列长度的变化，输出目标的大小也会随之变化的问题无法有效解决，而使用指针网络则不再需要对输出的词汇表特别设定，可以直接对输入序列进行操作。传统注意力机制会根据注意力值融合编码器每一个时刻的输出，然后将其与解码器当前时刻的输出结合，预测词汇表中的一个概率分布，其计算公式如式（0-13）～式

（0-15）所示。

$$u_j^i = \boldsymbol{v}^{\mathrm{T}}\tanh(W_1 e_j + W_2 d_i) \qquad j = 1, 2, \cdots, n \qquad (0-13)$$

$$a_j^i = \mathrm{softmax}(u_j^i) \qquad\qquad (0-14)$$

$$d_i' = \sum_{j=1}^{n} a_j^i e_j \qquad\qquad (0-15)$$

其中，e_j 表示编码器第 j 时刻的输出；d_i 表示解码器第 i 时刻的输出；W_1、W_2 和 v 都是固定维度的参数，可通过训练得出。

而对于指针网络来说，其输出是针对输入序列的一个概率分布，不需要将编码器的输出融合，直接将注意力值作为输入序列 P 中每一个位置输出的概率，改进后的公式如式（0-16）所示。

$$p(C_i \mid C_1, \cdots, C_{i-1}, P) = \mathrm{softmax}(u^i) \qquad (0-16)$$

二者的区别主要在于 Seq2Seq 中的解码器会预测词汇表中每一个词的输出概率，而指针网络的解码器直接根据注意力值预测输入序列中每一个位置的概率，取概率最大的那一个作为当前的输出。

3. 多示例学习与 MMR 算法

机器学习按照学习方式划分可分，为有监督学习、无监督学习和强化学习三类，在这些学习框架中，一个样本对应一个特征向量，而在多示例学习中，一个样本包含了多个特征向量，这就使传统的学习方法很难解决这类问题。由于其在多种领域真实场景中的广泛应用前景，多示例学习问题也受到越来越多的关注。

多示例学习问题最早是由 Dietterich 等人[155] 提出的，其主要研究内容是多示例问题在药物分子活性预测中的应用。多示例学习与传统有监督学习相比，不同之处在于二者的训练样本不同，在传统的有监督学习问题中，每一个训练样本的形式为 (X_i, Y_i)，X_i 是样本对象，使用固定长度的特征向量来表示，Y_i 为该样本所对应的类别标签，其描述如图 0-3 所示。

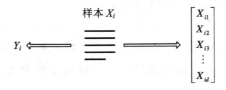

图 0-3　传统有监督学习框架

在多示例学习框架中，每个训练样本中包含多个特征向量，不再是一个固定长度的特征向量，这些向量称为示例，训练样本称为包，此时包 X_i 由示例空间 $\mathbf{R}^n$ 中的有限个点组成，训练样本的形式为 $(\{X_{i1}, X_{i2}, \cdots, X_{in}\}, Y_i)$，$X_{ij}$ 表示包中的第 j 个示例，其中 $j = 1, 2, \cdots, n$。在不同包中，示例个数可以不同，Y_i 是包对应的类别标签，包中示例的标签是未知的，如图 0-4 所示。

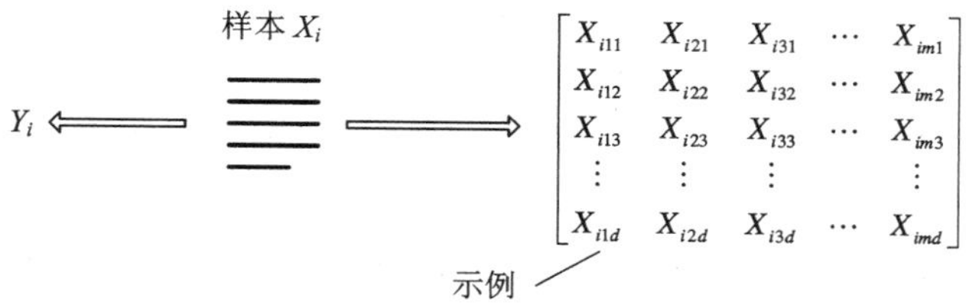

图 0 - 4　多示例学习框架

过去已有很多领域的问题都使用了多示例学习框架，如文本分类[156]、药物分子活性预测、基于内容的图像检索[157]、人脸识别[158]等。多示例学习框架也为文本表示带来了新方法，不再以字、词为单位进行文本向量化，为文本挖掘提供了新思路。从多示例的角度，将文本看作一个句子包，句子作为包中的示例，包之间的相似度是通过其包含的示例之间的相似度进行度量的。该方法能有效解决对词序以及词的上下文信息考虑不充分的问题，捕获文本更深层的语义信息。

最大边界相关（Maximal Marginal Relevance，MMR）算法，最初是应用于文档检索中的，通过计算用户查询与待检索文档之间的相似度以及文档与文档之间的相似度对文档进行打分，然后对其排序。MMR 算法的计算公式如式（0 - 17）所示，其中 D^* 表示所有待检索的文档集，D 表示已经排序的文档子集，$D^* \backslash D$ 表示未排序部分的文档，Q 为用户查询，在计算每个文档的得分时，既要考虑其与查询之间的相关性，也要考虑其与已经检索出的文档之间的相似度。

$$\text{MMR} = \arg\max_{d_i \in D^* \backslash D}[\lambda \text{Sim}_1(d_i, Q) - (1 - \lambda)\max_{d_j \in D}\text{Sim}_2(d_i, d_j)] \qquad (0 - 17)$$

Carbonell 等人[159]将 MMR 算法用于文本摘要中，基于与原文的相关度和冗余度为文档中的全部候选句打分，根据得分进行排序从而完成句子抽取。当做摘要抽取任务时，需要对公式中的字符表示做一定变换，此时公式中的 D^* 表示源文档，D 表示已经选择作为摘要的句子子集，$D^* \backslash D$ 则表示未被选择的句子，Q 可以是源文档，也可以是源文档所对应的真实的摘要。公式中第一个相似度指的是文档中的某个句子与整篇文档的相似度，用于计算句子对文档中关键信息的覆盖程度；第二个相似度指的是文档中某个句子和已经抽取的摘要句子之间的相似度，用于计算句子的冗余度。通过抽取 MMR 得分高的句子保证生成的摘要既能表达整个文档的关键信息，又能具备多样性。

已有研究表明，MMR 算法能有效降低所抽取句子之间的冗余度，使生成的摘要多样化。

0.2　本书主要内容安排

文本整编的方法主要包括基于抽取式的方法和基于生成式的方法。基于抽取式的方法的重点是从源文本中选择句子，句子的统计特征和语义特征是选取句子的关键，处理效率较高。基于生成式的方法的重点在于生成的摘要不仅要包含源文本的主要语义，还要求生成的文本可读性强、灵活度高，摘要内容不拘泥于原文。

本书主要给出了两种针对文本自动整编问题的可行解决方案，分别依托抽取式文本摘要生成和生成式文本摘要生成两种方式进行。因而，我们将全书的内容分为上下两篇，分别对"抽取式文本自动整编"和"生成式文本自动整编"这两种方法进行详细的介绍，具体各章节的内容如下。

上篇共分为 4 章，第 1 章主要对抽取式文本自动整编的研究思路和体系架构进行介绍，第 2～5 章分别从抽取式自动整编的 3 个关键流程着手进行具体研究。

第 1 章，面向信息检索的抽取式多文档摘要技术架构。从交互模式上进行分类，文本整编系统可以分为主动型的面向检索模式和被动型的自动整编模式。在上篇中，我们考虑的是面向检索的情况，而在下篇中，我们将对自动整编模式的文本整编系统进行探究。

第 2 章，基于多示例框架的深度关联匹配。传统的基于词频的检索方法无法准确表述用户的查询意图，检索结果不够准确。已有的通过句子之间的匹配反向定位到句子所在文档的方法，可能会使一篇文档被重复检索。因此，本章旨在对检索方法进行改进，以提升相关文档检索的性能。本章首先在多示例文本表示和关联匹配模型的基础上形成初步解决思路，然后构建了基于多示例框架的深度关联匹配模型（Multi-Instance Deep Relevance Matching Model，MI-DRMM）。

第 3 章，基于多粒度语义交互的抽取式多文档摘要。本章首先在 Hierarchical Transformer 的基础上形成初步解决思路，然后对 Hierarchical Transformer 进行简要概述，并构建一种基于多粒度语义交互的抽取式多文档摘要模型（Multi-Granularity Semantic Interaction Extractive Multi-Document Summarization Model，MGSI），最后通过实验与对比分析验证模型的有效性。

第 4 章，基于层次注意力和指针机制的句子排序。本章首先在层次注意力和指针网络的基础上形成了初步的解决思路，然后构建了基于层次注意力和指针机制的句子排序模型（Hierarchical Attention and Pointer Mechanism Sentence Ordering Model，HAPM），最后通过实验与对比分析来证明该模型的有效性。

下篇共分为 4 章，第 5 章主要对论文研究的思路及相关的体系架构进行介绍，第 6～9 章是下篇方法的主体部分，对 3 个子问题进行展开探究。各个章节的具体内容如下。

第 5 章，生成式文本自动整编技术架构。首先，本章对本书具体研究的问题进行了形式化的细化阐述；其次，在此基础之上提出本书对该问题的解决流程和思路；最后，基于每个子问题的具体实际，提出相应的体系架构，支撑整个文本整编工作的研究开展。

第 6 章，基于预训练和深度哈希的文本表示学习。受深度哈希学习在大规模图像检索中应用的启发，本章对基于深度哈希技术的文本表示学习进行了广泛而深入的探索研究，并使用 NLP 中的 3 个常见子任务来评估本书所提出的方法。实验结果表明，在牺牲有限性能的情况下，深度哈希可以通过文本表示大幅降低模型在预测阶段的计算时间开销以及物理空间开销，这对于大规模的文本表示学习具有重要意义。

第 7 章，基于两阶段半监督训练的长文本聚类。本章提出了一种结合迁移学习和动态反馈的深度嵌入聚类方法（DEC-Transformer）。为了更好地捕捉文档中句子之间的语义关系，将一种新的迁移学习技术应用到长文本聚类任务中进行预训练。与以往的研究不同，本书设计了一个两阶段训练任务，将语义表示学习和文本聚类作为一个统一的过程，并通过自适应反馈动态优化参数，以进一步提高效率。在测试集上的实验结果表明，与多个基准模型相比，该模型在精度上有较大的提升。此外，实验还证明了该模型具有较好的抗噪鲁棒性能。

第8章，基于语句融合及自监督训练的文本摘要生成。本章提出 Cohesion-based 文本生成模型，在预训练语言模型的基础上针对语句融合的特点设计了两阶段的自监督训练任务，其中第一阶段的自监督训练任务是针对语句融合的特点设计 Cohesion-permutation 语言模型，而在第二阶段自监督训练任务中模型使用了基于 PoC 的特殊注意力掩码策略进行训练。在公开数据集上进行的实验结果表明，Cohesion-based 文本生成模型在基于统计、深层语义和语句融合比例等多个评测指标上都优于目前先进的多个基准模型。

第9章，总结与展望。本章对全书的研究工作及创新进行总结，并针对研究内容的不足提出下一步的改进方向。

参 考 文 献

[1] HARISH B S，GURU D S，Manjunath S. Representation and Classification of Text Documents：A Brief Review[J]. International Journal of Computer Applications，2010，8(2)：110-119.

[2] 李舟军，范宇，吴贤杰. 面向自然语言处理的预训练技术研究综述[J]. 计算机科学，2020，47(03)：170-181.

[3] MIKOLOV T，SUTSKEVER I，CHEN K，et al. Distributed representations of words and phrases and their compositionality[C]//Advances in neural information processing systems. 2013：3111-3119.

[4] PENNINGTON J，SOCHER R，MANNING C D. Glove：Global vectors for word representation[C]//Proceedings of the 2014 conference on empirical methods in natural language processing (EMNLP). 2014：1532-1543.

[5] JOULIN A，GRAVE É，BOJANOWSKI P，et al. Bag of Tricks for Efficient Text Classification[C]//Proceedings of the 15th Conference of the European Chapter of the Association for Computational Linguistics：Volume 2，Short Papers. 2017：427-431.

[6] WANG A，SINGH A，MICHAEL J，et al. GLUE：A Multi-Task Benchmark and Analysis Platform for Natural Language Understanding[C]//Proceedings of the 2018 EMNLP Workshop BlackboxNLP：Analyzing and Interpreting Neural Networks for NLP. 2018：353-355.

[7] RAJPURKAR P，ZHANG J，LOPYREV K，et al. SquAD：100,000＋ Questions for Machine Comprehension of Text[C]//Proceedings of the 2016 Conference on

Empirical Methods in Natural Language Processing. 2016：2383-2392.

[8]　LAI G，XIE Q，LIU H，et al. RACE：Large-scale ReAding Comprehension Dataset From Examinations[C]//Proceedings of the 2017 Conference on Empirical Methods in Natural Language Processing. 2017：785-794.

[9]　VASWANI A，SHAZEER N，PARMAR N，et al. Attention is all you need[C]// Proceedings of the 31st International Conference on Neural Information Processing Systems. 2017：6000-6010.

[10]　KENTON J D M W C，TOUTANOVA L K. BERT：Pre-training of Deep Bidirectional Transformers for Language Understanding [C]//Proceedings of NAACL-HLT. 2019：4171-4186.

[11]　YANG Z，DAI Z，YANG Y，et al. XLNet：Generalized autoregressive pretraining for language understanding[C]//Proceedings of the 33rd International Conference on Neural Information Processing Systems. 2019：5753-5763.

[12]　LIU Y，OTT M，GOYAL N，et al. Roberta：A robustly optimized bert pretraining approach[J]. arXiv preprint arXiv：1907.11692，2019.

[13]　DONG D，WU H，HE W，et al. Multi-task learning for multiple language translation[C]//Proceedings of the 53rd Annual Meeting of the Association for Computational Linguistics and the 7th International Joint Conference on Natural Language Processing (Volume 1：Long Papers). 2015：1723-1732.

[14]　HE K，ZHANG X，REN S，et al. Deep residual learning for image recognition [C]//Proceedings of the IEEE conference on computer vision and pattern recognition. 2016：770-778.

[15]　GIONIS A，INDYK P，MOTWANI R. Similarity search in high dimensions via hashing[C]//Vldb. 1999，99(6)：518-529.

[16]　GU Y，MA C，YANG J. Supervised recurrent hashing for large scale video retrieval [C]//Proceedings of the 24th ACM international conference on Multimedia. 2016：272-276.

[17]　LIU H，WANG R，SHAN S，et al. Deep supervised hashing for fast image retrieval[C]//Proceedings of the IEEE conference on computer vision and pattern recognition. 2016：2064-2072.

[18]　SHEN F，SHEN C，LIU W，et al. Supervised discrete hashing[C]//Proceedings of the IEEE conference on computer vision and pattern recognition. 2015：37-45.

[19]　XIA R，PAN Y，LAI H，et al. Supervised hashing for image retrieval via image representation learning [C]//Twenty-eighth AAAI conference on artificial intelligence. 2014.

[20]　SLANEY M，CASEY M. Locality-sensitive hashing for finding nearest neighbors [lecture notes][J]. IEEE Signal processing magazine，2008，25(2)：128-131.

[21] DATAR M，IMMORLICA N，INDYK P，et al. Locality-sensitive hashing scheme based on p-stable distributions[C]//Proceedings of the twentieth annual symposium on Computational geometry. 2004：253-262.

[22] ANDONI A. E2lsh：Exact euclidean locality-sensitive hashing[J]. http://web. mit. edu/andoni/www/LSH/，2004.

[23] 蔡衡，李舟军，孙健，等. 基于 LSH 的中文文本快速检索[J]. 计算机科学，2009 (8)：201-204.

[24] WEISS Y，TORRALBA A，FERGUS R. Spectral hashing[C]//Nips. 2008，1(2)：4.

[25] LIN K，YANG H F，Hsiao J H，et al. Deep learning of binary hash codes for fast image retrieval[C]//Proceedings of the IEEE conference on computer vision and pattern recognition workshops. 2015：27-35.

[26] YAO T，LONG F，MEI T，et al. Deep semantic-preserving and ranking-based hashing for image retrieval[C]//IJCAI. 2016，1：4.

[27] LU J，LIONG V E，ZHOU J. Deep hashing for scalable image search[J]. IEEE transactions on image processing，2017，26(5)：2352-2367.

[28] ZHANG S，LI J，ZHANG B. Semantic cluster unary loss for efficient deep hashing [J]. IEEE Transactions on Image Processing，2019，28(6)：2908-2920.

[29] 曾燕，陈岳林，蔡晓东. 一种基于权重哈希化的深度人脸识别算法[J]. 计算机科学，2019，46(6)：277-281.

[30] XIANG S，NIE F，ZHANG C. Learning a Mahalanobis distance metric for data clustering and classification[J]. Pattern recognition，2008，41(12)：3600-3612.

[31] LI T，MA S，OGIHARA M. Entropy-based criterion in categorical clustering[C]//Proceedings of the twenty-first international conference on Machine learning. 2004：68.

[32] HALKIDI M，BATISTAKIS Y，VAZIRGIANNIS M. On clustering validation techniques[J]. Journal of intelligent information systems，2001，17(2)：107-145.

[33] WANG B，LIU W，LIN Z，et al. Text clustering algorithm based on deep representation learning [J]. The Journal of Engineering，2018，2018（16）：1407-1414.

[34] SEIFZADEH S，FARAHAT A K，KAMEL M S，et al. Short-text clustering using statistical semantics[C]//Proceedings of the 24th international conference on world wide web. 2015：805-810.

[35] BENGIO Y，DUCHARME R，VINCENT P，et al. A neural probabilistic language model[J]. The journal of machine learning research，2003，3：1137-1155.

[36] LE Q，MIKOLOV T. Distributed representations of sentences and documents [C]//International conference on machine learning. PMLR，2014：1188-1196.

[37] CHEN J，GONG Z，LIU W. A Dirichlet process biterm-based mixture model for short text stream clustering[J]. Applied Intelligence，2020，50(5)：1609-1619.

[38] DINH D T, HUYNH V N. k-PbC: an improved cluster center initialization for categorical data clustering[J]. Applied Intelligence, 2020, 50(8): 2610-2632.

[39] QIANG J, LI Y, YUAN Y, et al. Short text clustering based on Pitman-Yor process mixture model[J]. Applied Intelligence, 2018, 48(7): 1802-1812.

[40] SCHMIDHUBER J. Deep learning in neural networks: An overview[J]. Neural networks, 2015, 61: 85-117.

[41] MIN E, GUO X, LIU Q, et al. A survey of clustering with deep learning: From the perspective of network architecture[J]. IEEE Access, 2018, 6: 39501-39514.

[42] CHEN D, LV J, ZHANG Y. Unsupervised multi-manifold clustering by learning deep representation [C]//Workshops at the thirty-first AAAI conference on artificial intelligence. 2017.

[43] GHASEDI DIZAJI K, HERANDI A, DENG C, et al. Deep clustering via joint convolutional autoencoder embedding and relative entropy minimization [C]// Proceedings of the IEEE international conference on computer vision. 2017: 5736-5745.

[44] HUANG P, HUANG Y, WANG W, et al. Deep embedding network for clustering [C]//2014 22nd International conference on pattern recognition. IEEE, 2014: 1532-1537.

[45] SHAH S A, KOLTUN V. Deep continuous clustering[J]. arXiv preprint arXiv: 1803. 01449, 2018.

[46] YANG B, FU X, SIDIROPOULOS N D, et al. Towards k-means-friendly spaces: Simultaneous deep learning and clustering[C]//international conference on machine learning. PMLR, 2017: 3861-3870.

[47] CHANG J, WANG L, MENG G, et al. Deep adaptive image clustering[C]// Proceedings of the IEEE international conference on computer vision. 2017: 5879-5887.

[48] CHEN G. Deep learning with nonparametric clustering[J]. arXiv preprint arXiv: 1501. 03084, 2015.

[49] HSU C C, LIN C W. Cnn-based joint clustering and representation learning with feature drift compensation for large-scale image data[J]. IEEE Transactions on Multimedia, 2017, 20(2): 421-429.

[50] HU W, MIYATO T, TOKUI S, et al. Learning discrete representations via information maximizing self-augmented training [C]//International conference on machine learning. PMLR, 2017: 1558-1567.

[51] LI F, QIAO H, ZHANG B. Discriminatively boosted image clustering with fully convolutional auto-encoders[J]. Pattern Recognition, 2018, 83: 161-173.

[52] LI T, MA S, OGIHARA M. Entropy-based criterion in categorical clustering[C]//

Proceedings of the twenty-first international conference on Machine learning. 2004：68.

[53] YANG J，PARIKH D，BATRA D. Joint unsupervised learning of deep representations and image clusters［C］//Proceedings of the IEEE conference on computer vision and pattern recognition. 2016：5147-5156.

[54] CHEN X，DUAN Y，HOUTHOOFT R，et al. Infogan：Interpretable representation learning by information maximizing generative adversarial nets［C］//Proceedings of the 30th International Conference on Neural Information Processing Systems. 2016：2180-2188.

[55] DILOKTHANAKUL N，MEDIANO P A M，GARNELO M，et al. Deep unsupervised clustering with gaussian mixture variational autoencoders［J］. arXiv preprint arXiv：1611.02648，2016.

[56] JIANG Z，ZHENG Y，TAN H，et al. Variational Deep Embedding：An Unsupervised and Generative Approach to Clustering［C］//IJCAI. 2017.

[57] HADIFAR A，STERCKX L，DEMEESTER T，et al. A self-training approach for short text clustering［C］//Proceedings of the 4th Workshop on Representation Learning for NLP (RepL4NLP-2019). 2019：194-199.

[58] FAN Y，GONGSHEN L，KUI M，et al. Neural feedback text clustering with BiLSTM-CNN-Kmeans［J］. IEEE Access，2018，6：57460-57469.

[59] WANG B，LIU W，LIN Z，et al. Text clustering algorithm based on deep representation learning［J］. The Journal of Engineering，2018，2018（16）：1407-1414.

[60] ZHANG W，DONG C，YIN J，et al. Attentive Representation Learning with Adversarial Training for Short Text Clustering［J］. IEEE Transactions on Knowledge and Data Engineering，2021(1)：1-1.

[61] ZHOU J，CHENG X，ZHANG J. An end-to-end Neural Network Framework for Text Clustering［J］. arXiv preprint arXiv：1903.09424，2019.

[62] 李金鹏，张闯，陈小军，等. 自动文本摘要研究综述［J］. 计算机研究与发展，2021，58(1)：1.

[63] LUHN H P. The automatic creation of literature abstracts［J］. IBM Journal of research and development，1958，2(2)：159-165.

[64] 张随远，薛源海，俞晓明，等. 多文档短摘要生成技术研究［J］. 广西师范大学学报，2019，37(2)：60-74.

[65] 郭倩. 基于指针式网络生成新闻摘要的研究［D］. 上海：上海师范大学，2018.

[66] 刘家益，邹益民. 近 70 年文本自动摘要研究综述［J］. 情报科学，2017，35(7)：154-161.

[67] 唐晓波，顾娜，谭明亮. 基于句子主题发现的中文多文档自动摘要研究［J］. 情报科

学，2020：11-16.

[68] FABBRI A R，LI I，SHE T，et al. Multi-News：A large-scale multi-document summarization dataset and abstractive hierarchical model［C］//Proceedings of the 57th Conference of the Association for Computational Linguistics，Florence，July 28-August 2，2019. Stroudsburg：ACL，2019：1074-1084.

[69] LIU Y，LAPATA M. Hierarchical transformers for multi-document summarization ［C］//Proceedings of the 57th Annual Meeting of the Association for Computational Linguistics，Florence，July 28-August 2，2019. Stroudsburg：ACL，2019：5070-5081.

[70] RADEV D R，JING H，STY M，et al. Centroid-based summarization of multiple documents[J]. Information Processing and Management，2004，40(6)：919-938.

[71] MULLON C，SHIN Y，CURY P，NEATS：A network economics approach to trophic systems[J]. Ecological Modelling，2009，220(21)：3033-3045.

[72] LAMSIYAH S，MANDAOUY A E，ESPINASSE B，et al. An unsupervised method for extractive multi-document summarization based on centroid approach and sentence embeddings ［J］. Expert Systems with Applications，2021，167：114152.

[73] RADEV R，JING H Y，BUDZIKOWSKA M. Centroid-based summarization of multiple documents：sentence extraction，utility-based evaluation，and user studies ［C］//Proceedings of ANLP/NAACL Workshop on Summarization，2000.

[74] OUYANG Y，LI W，LI S，et al. Applying regression models to query-focused multi-document summarization ［J］. Information Processing and Management，2011，47(2)：227-237.

[75] 黄志远. 网络新闻多文档摘要系统的研究和实现[D]. 沈阳：辽宁大学，2019.

[76] MIHALCEA R，TARAU P. TextRank：Bringing order into text[C]//Proceedings of the 2004 Conference on Empirical Method in Natural Language Processing，Barcelona，July 25-26，2004. Stroudsburg：ACL，2004：404-411.

[77] ERKAN G，RADEV D R. LexRank：Graph-based lexical centrality as salience in text summarization ［J］. Journal of artificial intelligence research，2004，22：457-479.

[78] WU Y，LI Y，XU Y，et al. Mining topically coherent patterns for unsupervised extractive multi-document summarization ［C］// IEEE/WIC/ACM International Conference on Web Intelligence，2017.

[79] NA L，PENG X，YING L，et al. A topic approach to sentence ordering for multi-document summarization ［C］//2016 IEEE Trustcom/BigDataSE/ISPA. IEEE，2016：1390-1395.

[80] 陈维政，严睿，闫宏飞. 利用维基百科实体增强基于图的多文档摘要[J]. 中文信息

学报，2016，30(2)：153-159.

[81] ABEER A，MOHAMMED A D. An Approach for Combining Multiple Weighting Schemes and Ranking Methods in Graph-Based Multi-Document Summarization[J]. IEEE Access，2019，7：375-386.

[82] BRIN S，PAGE L. The anatomy of a large-scale hypertextual Web search engine [J]. Computer Networks and ISDN Systems，1998，30(1-7)：107-117.

[83] JON M K. Authoritative sources in a hyperlinked environment[J]. Journal of the ACM，1999，46：668-677.

[84] 张云纯，张琨，徐济铭，等. 基于图模型的多文档摘要生成算法[J]. 计算机工程与应用，2020，56(16)：124-131.

[85] CAO Z Q，LI W J，LI S J，et al. Improving Multi-Document Summarization via Text Classification[C]//Proceedings of the 31st AAAI Conference on Artificial Intelligence，San Francisco，Feb 4-9，2017. Menlo Park：AAAI，2017：3053-3059.

[86] YASUNAGA M，ZHANG R，MEELU K，et al. Graph-based neural multi-document summarization[C]//Proceedings of the 21th Conference on Computational Natural Language Learning，Vancouver，August 3-4，2017. Stroudsburg：ACL，2017：452-462.

[87] WANG D Q，LIU P F，ZHENG Y N，et al. Heterogeneous Graph Neural Networks for Extractive Document Summarization[C]//Proceedings of the 58th Annual Meeting of the Association for Computational Linguistics，Online，July 5-10，2020. Stroudsburg：ACL，2020：6209-6219.

[88] CHO S，LEBANOFF L，FOROOSH H，et al. Improving the Similarity Measure of Determinantal Point Processes for Extractive Multi-Document Summarization [C]//Proceedings of the 57th Annual Meeting of the Association for Computational Linguistics，Florence，July 28-August 2，2019. Stroudsburg：ACL，2019：1027-1038.

[89] HINTON G E，SABOUR S，FROSST N. Matrix capsules with EM routing[C]// Proceedings of the 6th International Conference on Learning Representations，Vancouver，April 30-May 3，2018.

[90] NARAYAN S，COHEN S B，LAPATA M. Ranking Sentences for Extractive Summarization with Reinforcement Learning [C]//Proceedings of the 2018 Conference of the North American Chapter of the Association for Computational Linguistics，New Orleans. June 1-6，2018. Stroudsburg：ACL，2018：1747-1759.

[91] ROBERTSON S，ZARAGOZA H. The probabilistic relevance framework：BM25 and beyond[J]. Foundations and Trends in Information Retrieval，2009，3(4)：333-389.

[92] 李宇. 基于索引优化与片段化机制的文档检索研究[D]. 广州：暨南大学，2020.

[93] NA S H. Two-stage document length normalization for information retrieval[J]. ACM Transactions on Information System，2015，33(2)：1-40.

[94] NA S H，KIM K. Verbosity normalized pseudo-relevance feedback in information retrieval[J]. Information Processing & Management，2018，54(2)：219-239.

[95] KUSNER M，SUN Y，KOLKIN N，et al. From word embeddings to document distances [C]//Proceedings of the 32nd International Conference on Machine Learning. JMLR：W&CP，2015：957-966.

[96] 崔浩康. 多标签学习算法的改进与研究[D]. 成都：电子科技大学，2020.

[97] WANG J，YU L T，ZHANG W N，et al. Irgan：A minimax game for unifying generative and discriminative information retrieval models[C]//Proceedings of the 40th International ACM SIGIR Conference on Research and Development in Information Retrieval. New York：ACM，2017：515-524.

[98] LU Z D，LI H. Language modeling with gated convolutional networks[C]// Proceedings of the 34th International Conference on Machine Learning. PMLR，2017：933-941.

[99] HUANG P. S，HE X D，GAO J F，et al. Learning deep structured semantic models for web search using clickthrough data[C]//Proceedings of the 22nd ACM International Conference on Information & Knowledge Management. New York：ACM，2013：2333-2338.

[100] GAO J F，PANTEL P，Gamon M，et al. Modeling interestingness with deep neural networks[C]//Proceedings of the 2014 Conference on Empirical Methods in Natural Language Proceeding. Stroudsburg：ACL，2014：2-13.

[101] GUO J F，FAN Y X，AI Q Y，et al. A deep relevance matching model for ad-hoc retrieval [C]//Proceedings of the 25th ACM International Conference on Information and Knowledge Management. New York：ACM，2016：55-64.

[102] HU B T，LU Z D，LI H，et al. Convolutional neural network architectures for matching natural language sentences [C]//Advances in Neural Information Processing Systems. MA：MIT，2014：2042-2050.

[103] PANG L，LAN Y Y，GUO J F，et al. Text matching as image recognition[C]// Proceedings of the 13th AAAI Conference on Articial Intelligence. Menlo Park：AAAI，2016：2793-2799.

[104] XIONG C Y，DAI Z Y，CALLAN J，et al. End-to-end neural ad-hoc ranking with kernel pooling[C]// Proceedings of the 40th International ACM SIGIR Conference on Research and Development in Information Retrieval. New York：ACM，2017：55-64.

[105] JACOBS K，ITAI A，WINTNER S. Acronyms：Identification，Expansion and Disambiguation[J]. Annals of Mathematics and Artificial Intelligence，2018：

1-16.

[106]　WANG C，SONG Y，LI H，et al. Unsupervised meta-path selection for text similarity measure based on heterogeneous information networks[J]. Data Mining and Knowledge Discovery，2018，32(6)：1735-1767.

[107]　左家莉，王明文，吴水秀，等. 结合句子级别检索的信息检索模型[J]. 中文信息学报，2016，30(2)：107-112.

[108]　李宇，刘波. 文档检索中文本片段化机制的研究[J]. 计算机科学与探索. 2020，14(4)：578-589.

[109]　TURING A M，HAUGELAND J. Computing machinery and intelligence[M]. Cambridge，MA：MIT Press，1950.

[110]　XU W，RUDNICKY A. Can artificial neural networks learn language models? [C]//Sixth international conference on spoken language processing. 2000.

[111]　BENGIO Y，DUCHARME R，VINCENT P，et al. A neural probabilistic language model [J]. The journal of machine learning research，2003，3：1137-1155.

[112]　MIKOLOV T，KARAFIÁT M，BURGET L，et al. Recurrent neural network based language model[C]//Eleventh annual conference of the international speech communication association. 2010.

[113]　MIKOLOV T，SUTSKEVER I，Chen K，et al. Distributed representations of words and phrases and their compositionality[C]//Advances in neural information processing systems. 2013：3111-3119.

[114]　MIKOLOV T，CHEN K，CORRADO G，et al. Efficient estimation of word representations in vector space[J]. arXiv preprint arXiv：1301. 3781，2013.

[115]　DAUPHIN Y N，FAN A，AULI M，et al. Language modeling with gated convolutional networks [C]//International conference on machine learning. PMLR，2017：933-941.

[116]　PAN S J，YANG Q. A survey on transfer learning[J]. IEEE Transactions on knowledge and data engineering，2009，22(10)：1345-1359.

[117]　COLLOBERT R，WESTON J，BOTTOU L，et al. Natural language processing (almost) from scratch [J]. Journal of machine learning research，2011，12(ARTICLE)：2493-2537.

[118]　JOULIN A，GRAVE É，BOJANOWSKI P，et al. Bag of Tricks for Efficient Text Classification[C]//Proceedings of the 15th Conference of the European Chapter of the Association for Computational Linguistics：Volume 2，Short Papers. 2017：427-431.

[119]　PENNINGTON J，SOCHER R，MANNING C D. Glove：Global vectors for word representation[C]//Proceedings of the 2014 conference on empirical methods in

natural language processing (EMNLP). 2014：1532-1543.

[120] LE Q，MIKOLOV T. Distributed representations of sentences and documents [C]//International conference on machine learning. PMLR，2014：1188-1196.

[121] KIROS R，ZHU Y，SALAKHUTDINOV R R，et al. Skip-thought vectors[C]// Advances in neural information processing systems. 2015：3294-3302.

[122] MELAMUD O，GOLDBERGER J，DAGAN I. context2vec：Learning generic context embedding with bidirectional lstm[C]//Proceedings of the 20th SIGNLL conference on computational natural language learning. 2016：51-61.

[123] BENGIO Y，COURVILLE A，VINCENT P. Representation learning：A review and new perspectives[J]. IEEE transactions on pattern analysis and machine intelligence，2013，35(8)：1798-1828.

[124] DAI A M，LE Q V. Semi-supervised sequence learning[J]. Advances in neural information processing systems，2015，28：3079-3087.

[125] LIU P，QIU X，HUANG X. Recurrent neural network for text classification with multi-task learning[C]//Proceedings of the Twenty-Fifth International Joint Conference on Artificial Intelligence. 2016：2873-2879.

[126] PETERS M E，NEUMANN M，IYYER M，et al. Deep contextualized word representations[C]//Proceedings of NAACL-HLT. 2018：2227-2237.

[127] RADFORD A，NARASIMHAN K，SALIMANS T，et al. Improving language understanding by generative pre-training[J]. 2018.

[128] VASWANI A，SHAZEER N，PARMAR N，et al. Attention is all you need[C]// Proceedings of the 31st International Conference on Neural Information Processing Systems. 2017：6000-6010.

[129] BAHDANAU D，CHO K，BENGIO Y. Neural machine translation by jointly learning to align and translate[J]. arXiv preprint arXiv：1409.0473，2014.

[130] WANG A，SINGH A，MICHAEL J，et al. GLUE：A Multi-Task Benchmark and Analysis Platform for Natural Language Understanding[C]//Proceedings of the 2018 EMNLP Workshop BlackboxNLP：Analyzing and Interpreting Neural Networks for NLP. 2018：353-355.

[131] RAJPURKAR P，ZHANG J，LOPYREV K，et al. SQuAD：100,000+ Questions for Machine Comprehension of Text[C]//Proceedings of the 2016 Conference on Empirical Methods in Natural Language Processing. 2016：2383-2392.

[132] QIU X，SUN T，XU Y，et al. Pre-trained models for natural language processing：A survey[J]. Science China Technological Sciences，2020，63(10)：1872-1897.

[133] RADFORD A，WU J，CHILD R，et al. Language models are unsupervised multitask learners[J]. OpenAI blog，2019，1(8)：9.

[134] BROWN T B，MANN B，RYDER N，et al. Language models are few-shot

learners[J]. Advances in neural information Processing Systems, 2020, 33: 1877-1901.

[135] KESKAR N S, MCCANN B, VARSHNEY L R, et al. Ctrl: A conditional transformer language model for controllable generation[J]. arXiv preprint arXiv: 1909. 05858, 2019.

[136] DAI Z, YANG Z, YANG Y, et al. Transformer-XL: Attentive Language Models beyond a Fixed-Length Context[C]//Proceedings of the 57th Annual Meeting of the Association for Computational Linguistics. 2019: 2978-2988.

[137] KITAEV N, KAISER Ł, LEVSKAYA A. Reformer: The efficient transformer [J]. arXiv preprint arXiv: 2001. 04451, 2020.

[138] LAN Z, CHEN M, GOODMAN S, et al. ALBERT: A Lite BERT for Self-supervised Learning of Language Representations[C]//International Conference on Learning Representations. 2019.

[139] SANH V, DEBUT L, CHAUMOND J, et al. DistilBERT, a distilled version of BERT: smaller, faster, cheaper and lighter[J]. arXiv preprint arXiv: 1910. 01108, 2019.

[140] LAMPLE G, CONNEAU A. Cross-lingual language model pretraining[J]. arXiv preprint arXiv: 1901. 07291, 2019.

[141] KOHONEN T. An introduction to neural computing[J]. Neural networks, 1988, 1(1): 3-16.

[142] HOCHREITER S, SCHMIDHUBER J. Long short-term memory[J]. Neural computation, 1997, 9(8): 1735-1780.

[143] CHUNG J, GULCEHRE C, CHO K, et al. Empirical evaluation of gated recurrent neural networks on sequence modeling[C]//NIPS 2014 Workshop on Deep Learning, December 2014. 2014.

[144] LECUN Y, BOTTOU L, BENGIO Y, et al. Gradient-based learning applied to document recognition[J]. Proceedings of the IEEE, 1998, 86(11): 2278-2324.

[145] SIMONYAN K, ZISSERMAN A. Very deep convolutional networks for large-scale image recognition[J]. arXiv preprint arXiv: 1409. 1556, 2014.

[146] KRIZHEVSKY A, SUTSKEVER I, HINTON G E. Imagenet classification with deep convolutional neural networks[J]. Advances in neural information processing systems, 2012, 25: 1097-1105.

[147] LONG J, SHELHAMER E, DARRELL T. Fully convolutional networks for semantic segmentation[C]//Proceedings of the IEEE conference on computer vision and pattern recognition. 2015: 3431-3440.

[148] DAUPHIN Y N, FAN A, AULI M, et al. Language modeling with gated convolutional networks[C]//International conference on machine learning.

PMLR，2017：933-941.

[149] KIM Y. Convolutional Neural Networks for Sentence Classification[C]. Empirical Methods in Natural Language Processing，2014，abs/1408.5882()：1746-1751.

[150] SEO M，KEMBHAVI A，FARHADI A，et al. Bidirectional attention flow for machine comprehension[J]. arXiv preprint arXiv：1611.01603，2016.

[151] HE K，ZHANG X，REN S，et al. Deep residual learning for image recognition [C]//Proceedings of the IEEE conference on computer vision and pattern recognition. 2016：770-778.

[152] BA J L，KIROS J R，HINTON G E. Layer normalization[J]. arXiv preprint arXiv：1607.06450，2016.

[153] KOVALEVA O，ROMANOV A，ROGERS A，et al. Revealing the Dark Secrets of BERT[C]//Proceedings of the 2019 Conference on Empirical Methods in Natural Language Processing and the 9th International Joint Conference on Natural Language Processing (EMNLP-IJCNLP). 2019：4365-4374.

[154] REIMERS N，GUREVYCH I. Sentence-BERT：Sentence Embeddings using Siamese BERT-Networks[C]//Proceedings of the 2019 Conference on Empirical Methods in Natural Language Processing and the 9th International Joint Conference on Natural Language Processing （EMNLP-IJCNLP）. 2019：3982-3992.

[155] DIETTERICH T G，LATHROP R H，LOZANO-PEREZ T. Solving the multiple instance problem with axis-parallel rectangles [J]. Artificial intelligence，1997，89 (1)：31-71.

[156] ANDREWS S，TSOCHANTARIDIS I，HOFMANN T. Support vector machines for multiple-instance learning [C]//Proceedings of the Advances in Neural Information Processing Systems，2002：561-568.

[157] CHIANG J Y，CHENG S R. Multiple-instance content-based image retrieval employing isometric embedded similarity measure[J]. Pattern Recognition，2009，42(1)：158-166.

[158] YANG J，YAN R，HAUPTMANN A G. Multiple instance learning for labeling faces in broadcasting news video[C]//Proceedings of the 13th ACM International Conference on Multimedia. Hilton，Singapore：ACM，2005：31-40.

[159] CARBONELL J，GOLDSTEIN J. The use of MMR，diversity-based reranking for reordering documents and producing summaries [C]//Proceedings of the 21st Annual International ACM SIGIR Conference on Research and Development in Information Retrieval，Melbourne，August 24-28，1998. New York：ACM，1998：335-336.

上 篇

抽取式文本自动整编

第1章

面向信息检索的抽取式多文档摘要技术架构

本章介绍面向信息检索的抽取式多文档摘要技术架构，首先提出整体研究思路，将整个课题分为 3 个子问题（信息检索、多文档摘要和句子排序）；然后针对 3 个子问题中的相关理论以及关键技术分别展开研究，给出解决方案，并构建面向信息检索的抽取式多文档摘要技术架构；最后对相关技术理论进行简单阐述，为后续研究工作的展开奠定基础。

1.1　研究思路及技术架构

1.1.1　研究思路

面向信息检索的抽取式多文档摘要技术研究的目的是从海量文本数据中快速获取关键信息，并保证获取的信息简洁、全面、语义连贯且重复内容少，获取信息的形式化表达如式 (1-1) 所示，其中 Q 表示用户查询文本，$D^* = \bigcup_{n=1}^{\infty} d^n$ 表示由任意长度的文档构成的文档集合，T 表示关键信息，即基于文档集合获取到的摘要。

$$T = f(Q, D^*) \tag{1-1}$$

整体的研究思路共分为 3 个阶段，如图 1-1 所示。

（1）相关文档检索阶段。首先基于用户查询 Q 和待检索文档集合 D^*，检索出与用户查询意图最相关的 K 个文档，记为 TOP-K，以完成对海量文本信息的初步筛选。传统的检索模型，如布尔模型、概率模型、向量空间模型等都是基于词频的方法，这类方法没有充分考虑词序以及词的上下文信息，从而忽略了文本深层的语义信息，一方面无法准确表达用户的查询意图，另一方面无法解决语句中可能存在的一词多义问题。一些研究者致力于将文本表示与相似度计算相结合以提升文档检索性能，例如，简单地将文本中每个句子的句向量进行拼接或叠加来获取整个文档的向量表示，然后计算文档与查询之间的相似度，但是这样会造成语义缺失；而许多已有的句子级检索方法，或者通过相似度得分高的句子来反向定位其所在的文档，可能会使同一篇文档被重复检索，或者使用无监督学习将查询句与文档句之间的相似度得分简单整合以获取最终得分，并不能捕获句子深层次的语义信息。受多示例文本表示的启发，本书将多示例框架用于文档检索中，提出一种句子级的深度关联匹配模型，对检索方法进行改进。首先基于多示例框架将查询与待检索文档表示成句子包，然后通过查询包与待检索文档包中句子之间的深度关联匹配来学习文档的相似度得分。

（2）摘要句抽取阶段。在检索出的 TOP-K 个文档的基础上，建立抽取式多文档摘要模型，进一步提取关键信息。为了获取更加简洁的关键信息，我们在信息检索的基础上进行摘要抽取，同一主题的一组文档又包含多个不同的子主题，类比于人工撰写的摘要，抽取式摘要中的关键问题就是要保证抽取的句子尽可能包含各个子主题的信息且不包含重复信息。本书将多粒度语义交互网络与 MMR 算法相结合，首先通过多粒度编码器对输入文档中的句子进行编码，然后基于学习到的句子表示改进 MMR 算法，并通过排序学习为检索出的文档中的各个句子打分，选取得分高的句子作为摘要句用于后续摘要生成。

（3）摘要句排序阶段。语义连贯性是摘要可读、能够准确表达语义的必要条件，这种连贯性通常通过句子之间的顺序保证。为了提升最终生成的摘要的语义连贯性，需要对抽取出的摘要句重新排序。早期的句子对排序模型将句子排序看作一个句子对逻辑关系的预测问题，忽略了句子的上下文信息。基于端到端神经网络的思想，我们将层次注意力网络与指针机制相结合，在编码时使用层次注意力网络获取句子包含上下文信息的向量表示，在解码时使用指针机制完成句子的重新排序以形成最终的摘要。

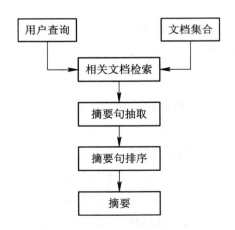

图 1-1 面向信息检索的抽取式多文档摘要研究思路

1.1.2 技术架构

基于上述的研究思路，可以构建图 1-2 所示的面向信息检索的抽取式多文档摘要技术架构。

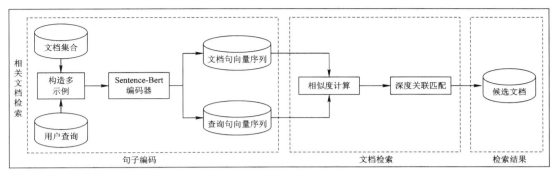

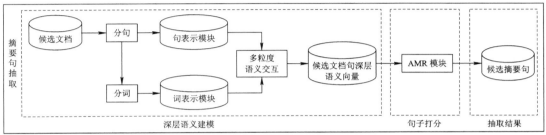

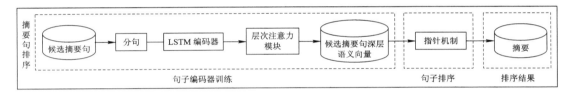

图 1-2　面向信息检索的抽取式多文档摘要技术架构

1. 相关文档检索

首先针对用户查询文档和待检索文档分别构造多示例包，以语义相对完整的句子为单位对文本进行切分，查询文档及待检索文档均看作包，其对应的句子则作为包中的示例；使用预训练好的 Sentence-Bert 模型获取查询和待检索文档中各个示例的向量表示；然后计算查询中每个示例与每一个待检索文档各个示例之间的相似度，并将其映射成匹配直方图；最后通过训练深度关联匹配模型为每一个待检索文档打分，并选取其中 Top-K 个作为候选文档。

2. 摘要句抽取

首先对候选文档分句、分词后，构建单词、句子、文档 3 种粒度的语义交互网络，以获取不同粒度的语义交互信息来更新候选文档中各个句子的向量表示；然后使用改进的 MMR 算法通过排序学习对候选文档中的全部句子进行打分；最后从中选择得分最高的几个句子作为摘要句。

3. 摘要句排序

获取候选摘要句后，首先对这些句子做分词处理；然后基于单词级 LSTM 编码器使用 Multi-head 注意力机制以获取句子的初始表示，并在句子之间再次使用 Multi-head 注意力机制通过捕获全局的语义信息来更新句子表示；最后在解码时使用指针机制根据编码器捕获的信息从输入序列中依次预测下一个句子，完成句子排序，生成最终的摘要。

本节主要对 Sentence-Bert 句子表示学习、多示例学习、MMR 算法以及指针网络等相关技术的理论知识进行阐述。

本 章 小 结

本章首先提出了包含信息检索、多文档摘要以及句子排序 3 个阶段的面向信息检索的抽取式多文档摘要的整体研究思路；然后从相关文档检索、摘要句抽取和摘要句排序 3 个方面构建了面向信息检索的抽取式多文档摘要技术架构，形成一个完整的技术框架；最后对 Sentence-Bert 表示学习、多示例学习、MMR 等相关技术理论进行阐述，为后续研究奠定基础。

第 2 章

基于多示例框架的深度关联匹配

　　本书所研究课题的首要部分就是相关文档检索，文档检索的质量直接影响着后续多文档摘要的质量。传统的基于词频的检索方法无法准确表述用户的查询意图，检索结果不够准确；已有的通过句子之间的匹配反向定位到句子所在文档的方法，可能会使一篇文档被重复检索。因此，本章旨在对检索方法进行改进，以提升相关文档检索的性能。

　　本章首先在多示例文本表示和关联匹配模型的基础上形成初步解决思路，然后构建了基于多示例框架的深度关联匹配模型（MI-DRMM），最后通过实验来验证该模型能有效提升检索性能。

2.1　问题分析

　　相关文档检索，即对查询 Q 和由任意长度的文档构成的文档集 $D^* = \bigcup_{n=1}^{\infty} d^n$，计算查询与每一个文档的相似度得分 $\text{Score}(Q, d_i)$，$d_i \in D^*$，得到一个排序 $(d_1, d_2, \cdots, d_r) \in D^*$，最终取 Top-K 个文档作为检索结果。

　　传统的文档检索方法通常是基于词频进行文本表示，忽略了词序以及词的上下文信息，对用户的查询意图无法准确表述。多示例学习框架为文本表示带来了新的方法，部分学者尝试以能准确传达文本知识的句子为单位进行文本挖掘的相关研究，以解决在传统的表示学习中，以字、词作为基本单位无法充分表达原文本的语义的问题，因此，出现了文本句子包的概念。文本句子包是指基于多示例学习的思想，以语义相对比较完整的句子为单位切分文本，将每个文本表示成句子包，每个句子则作为包中的示例，使用多示例学习算法来解决文本挖掘中的相关问题[1]。在多示例学习算法中，包之间的距离是通过包中包含的示例之间的距离进行计算的。对于文档 d_i，其句子包的形式化表达为 $d_i = \{s_{i1}, s_{i2}, \cdots, s_{im}\}$，其中 s_{ij}，$j=1, 2, \cdots, n$ 表示包中的第 j 个句子，不同包中的句子个数 n 可以不同，且同一包中的句子顺序可以改变。以句子作为文本表示的单位，可以保留词序以及词的上下文信息，从而充分表达文本的重要语义信息，解决语句中可能存在的一词多义问题，这对于文本挖掘的研究十分有意义。已有研究者提出句子级的检索方法，但是这些方法通常使用无监督学习将各个查询句与文档句之间的相似度得分进行简单整合以获取最终得分，忽略了句子与句子之间的深层匹配信息。

随着深度学习在 NLP 中的不断发展，研究者尝试使用神经信息检索模型成功地捕获了查询与待检索文档之间的关联匹配信息，其主要分为两类：基于语义匹配的模型和基于相关性匹配的模型。与语义匹配模型不同，关联匹配模型的特点是不直接学习查询和待检索文档的表示，而是先让二者进行交互，对交互信息进行特征提取，然后通过聚合对提取到的交互信息使用神经网络进行学习以获取最终的匹配分数，如图 2 - 1 所示。

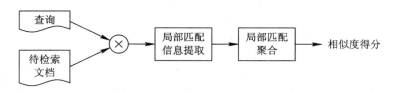

图 2 - 1 关联匹配模型

匹配过程分为两步：① 局部匹配信息提取。查询和待检索文档之间进行局部匹配，并对局部匹配进行特征提取，获取匹配向量；② 局部匹配聚合。设计神经网络对局部匹配进行聚合，以学习最终的查询-文档对得分。关联匹配模型中的一个重要工作就是设计查询与待检索文档的交互，使用简单的映射函数获取查询与待检索文档中各个词的向量表示；然后使用复杂的深度模型获取查询与待检索文档的相似度得分：令两文本中的词进行两两交互，在词级别建立相似度矩阵，通过对相似度矩阵的特征提取及聚合得到相似度得分。例如，在 ARC-II 模型中，使用卷积神经网络对查询和待检索文档中的词编码，然后对词向量进行相似度计算，得到一个匹配矩阵，使用卷积神经网络作为获取相似度得分的深度模型。在 MatchPyramid 模型中，首先使用了 3 种构建相似度矩阵的方法构建相似度矩阵，分别是"0 - 1"类型、余弦相似度和点积，然后使用两层卷积神经网络对相似度矩阵进行特征提取，最后用两层全连接对卷积结果进行转换，以得到最终的得分。在现有的关联匹配工作中，通常以词作为基本单位。

本书将多示例文本表示与关联匹配模型相结合，以语义相对完整的句子为单位分别对查询和待检索文档切分，将其表示成包，查询句及文档中的句子则作为包中的示例，通过训练句子级的深度关联匹配模型为每个待检索文档打分，最后返回 Top-K 个文档作为检索结果。

2.2 多示例深度关联匹配模型

基于上述问题分析，我们构建了多示例深度关联匹配模型来检索相关文档，将多示例框架用于文档检索中，通过标点符号将查询和待检索文档分别切分成语义相对完整的句子，对每一个查询句，计算其与待检索文档中每个句子的相似度得分，并按照相似度等级将这些得分映射成固定长度的局部关联匹配直方图，然后使用前馈匹配网络学习层次匹配信息对局部关联进行特征提取,为每个查询句计算一个匹配分数,最后使用门控网络聚合全部查询句的匹配分数以获取最终查询-文档对的相似度得分。本节将对该模型进行详细介绍。

2.2.1　模型架构

我们在句子级的关联匹配上使用了一个深度神经网络结构,以学习查询句与待检索文档句之间的层次匹配信息来获取最终的查询-文档对得分,整体架构如图 2-2 所示,主要包括局部交互、前馈神经网络和门控网络几部分。

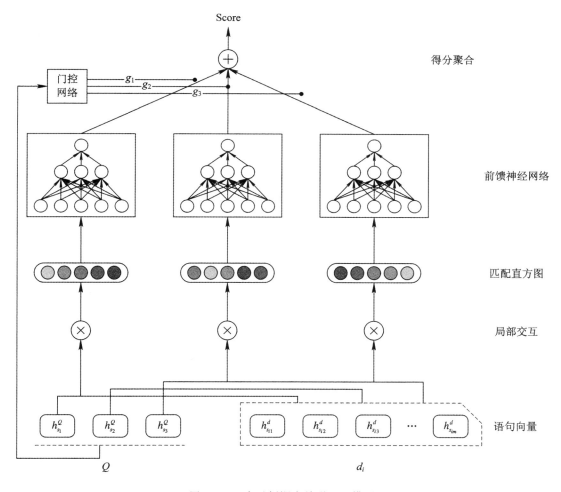

图 2-2　多示例深度关联匹配模型

首先使用预训练好的 Sentence-Bert 模型分别获取查询和待检索文档中各个示例的向量表示 $Q = \{h^Q_{s_1}, h^Q_{s_2}, \cdots, h^Q_{s_m}\}$ 和 $d_i = \{h^d_{s_{i1}}, h^d_{s_{i2}}, \cdots, h^d_{s_{in}}\}$,其中 $h^Q_{s_i}$ 表示查询中第 i 个示例的向量,$h^d_{s_{ij}}$ 表示待检索文档 d_i 中第 j 个示例的向量;然后通过局部互交获取局部交互信息,即对查询中每个示例,分别计算其与待检索文档中各个示例的相似度得分,并将这些相似度得分按照等级映射成固定长度的匹配直方图(Matching Histogram),将所有匹配直方图输入前馈神经网络中学习层次匹配信息,为每个查询句生成一个相似度得分;最后使用一个门控网络计算各个查询示例的权重 g_i,并与对应的相似度得分相乘求和后得到查询-文档对的得分 Score,即文档包的得分。

2.2.2　句子级关联匹配

句子级关联匹配部分首先使用预训练好的句子表示模型将查询与待检索文档中的全部句子表示成固定长度的向量,然后通过相似度计算函数计算查询句与各个文档句之间的相似度得分,并将这些相似度得分映射成固定长度的匹配直方图。

近年来,出现了很多用于学习句子的分布式语义表示的预训练模型,如 ELMo[2]、Bert、GPT – 2 等,但有研究指出,直接使用预训练模型得到的句向量并不具有语义信息,即相似句子的句向量可能会有很大差别,我们使用预训练好的 Sentence-Bert 模型进行迁移学习,以降低深度关联匹配模型的复杂度。这里使用的 Sentence-Bert 模型是使用了回归目标函数的网络结构,通过孪生网络结构对预训练的 BERT/RoBERTa 进行微调,调整后的模型能很好地从语义上表征一个句子,从而可以直接使用余弦距离计算句子之间的相似度。对查询中的每个句子,其输入深度网络结构中的局部关联匹配 z_i^0 的计算如式(2 – 1)所示。

$$z_i^0 = h(h_{s_i}^Q \otimes d_i) \qquad i = 1, 2, \cdots, m \qquad (2 - 1)$$

其中,$\otimes$ 表示余弦相似度函数;$h_{s_i}^Q$ 为查询中第 i 个句子的向量表示;d_i 包含待检索文档中各个句子的向量;h 为一个映射函数,将变长的局部交互转化为固定长度的匹配直方图。

待检索文档的长度是任意的,因此局部匹配的大小是不固定的,为了获取固定长度的匹配直方图,我们对查询句与文档句之间的相似度得分按等级分组,每一组看作一个桶,统计落入各个桶中的文档句个数,然后取其对数作为最终的局部匹配信息。考虑到较多桶中可能只有一个文档句子,直接取对数后值为 0,会影响模型的训练效果,故先对桶中的文档句子数进行加一操作再取其对数。例如,将相似度范围 $[-1, 1]$ 划分为 4 个等级 $\{[-1, -0.5), [-0.5, 0), [0, 0.5), [0.5, 1]\}$,查询中的其中一个句子与待检索文档对应的局部交互得分为 $(0.2, -0.1, 0.6, 0.7, 0.8, 0.9)$,那么该查询句所对应的固定长度的匹配信号就为 $[0, \log2, \log2, \log3]$。

2.2.3　深度关联匹配

深度关联匹配部分的输入即为上述查询中各个句子与待检索文档中各个句子之间的匹配直方图,我们使用前馈神经网络从不同水平的局部交互中学习层次匹配信息,针对每个查询句得到一个与待检索文档的相似度得分,前馈神经网络中隐藏层的输出如式(2 – 2)所示。

$$z_i^l = \tanh(W^l z_i^{l-1} + b^l) \qquad i = 1, 2, \cdots, m; l = 1, 2, \cdots, L \qquad (2 - 2)$$

其中,z_i^l 表示查询句 $h_{s_i}^Q$ 的第 l 个隐藏层的输出;W^l 表示第 l 层的权重矩阵;b^l 表示第 l 层的偏置矩阵,所有的查询句使用相同的权重矩阵和偏置矩阵。

　　然后使用门控网络学习查询句的聚合权重，以决定每个查询句的相似度得分对最终相似度得分的重要程度，门控函数如式（2 - 3）所示，$h_{s_i}^Q$ 为查询句的向量表示，w_g 为与 $h_{s_i}^Q$ 具有相同维度的权重向量。整个查询与待检索文档的相似度得分计算如式（2 - 4）所示，即最终相似度得分由查询中各个句子的得分与其所占权重的乘积之和得出。

$$g_i = \frac{\exp(w_g h_{s_i}^Q)}{\sum_{i=1}^{m} \exp(w_g h_{s_i}^Q)} \qquad i = 1, 2, \cdots, m \qquad (2 - 3)$$

$$\text{Score} = \sum_{i=1}^{m} g_i z_i^L \qquad (2 - 4)$$

　　由于在保证深度关联匹配模型输入的固定长度时使用了零填充方法，在训练时，模型可能会在经常填充零的位置错误学习到较低的权重，也就是说，门控网络在学习权重时，可能会对不同位置的局部匹配信号区别对待。为了避免这种情况发生，我们将零填充后的每个查询的全部局部关联匹配直方图重新排列，然后再将其送入模型进行训练，实验结果表明该做法能够提高整体的检索性能。

2.2.4　损失函数

　　在已有的一些神经信息检索模型中，如 DRMM、PACRR[3] 等，通常使用成对的排序损失最大间隔损失来训练模型，而在本书中，我们在对 MI-DRMM 训练时使用一个交叉熵损失来替换最大间隔损失，对比实验表明，交叉熵损失可以提高模型的检索性能。损失函数的定义如式（2 - 5）所示。

$$L(Q, d^+, d^-, \Theta) = -\log \frac{\exp(\text{Score}(Q, d^+))}{\exp(\text{Score}(Q, d^+)) + \exp(\text{Score}(Q, d^-))} \qquad (2 - 5)$$

其中，Q 为一条查询；d^+ 表示与查询相关的文档；d^- 表示与查询不相关的文档；$\text{Score}(Q, d)$ 表示查询与文档的相似度得分；Θ 包括前馈神经网络和门控网络中的全部参数。使用标准的反向传播进行优化，使用随机梯度下降法对 mini-batches 做并行处理。

2.3　实验结果与分析

　　为了对上述模型的有效性进行验证，我们在 Med 数据集上对该模型与 BM25、DRMM 等基准模型的实验结果进行比较，同时在中文某领域内文本信息检索数据集上进行实验，以验证模型在某领域内文本上的可行性。本节首先对实验中所使用的数据集和评价方法进行介绍；随后对基准模型进行介绍并给出实验中的设置；最后对 MI-DRMM 与基准模型在 Med 数据集上的对比结果以及模型在某领域内文档集上的实验结果进行分析；此外，本节还通过消融实验来对 MI-DRMM 的不同部分的有效性进行验证，以进一步了解该模型。

2.3.1　实验数据及评价方法

　　我们使用 Glasgow 大学收录的用于信息检索的标准文本数据集 Med 以及所在团队构

建的某领域内文本信息检索数据集对基于多示例框架的深度关联匹配模型进行验证。

表 2-1 所示为实验中所用数据集的详细情况。其中，Med 数据集包含 1 033 篇文档、30 条查询，数据集大小为 1.1 MB；所在团队从项目文档库中抽取若干数据构建了某领域内文本信息检索数据集，其包含 1 000 篇文档、20 条查询，数据集大小为 1.4 MB。对数据集分别进行预处理，去除标签等无用信息，参照标准停用词表删去停用词，实验中使用五折交叉验证以减少过度学习，将全部查询划分为 5 部分，每次取 4/5 的查询作为训练集，剩下的作为验证集。

表 2-1 信息检索数据集信息

数据集	查询数	文本数量	数据集大小
Med 数据集	30	1 033	1.1 MB
某领域内文本	20	1 000	1.4 MB

为了对 MI-DRMM 进行评估，实验中使用 MAP、检索出的 Top-10 个文档的归一化折现累积增益 nDCG@10 和 Top-10 个文档的准确率 $P@10$ 作为评估指标。其中准确率 P 指相关文档在检索出的全部文档中所占比例，计算公式如式(2-6)所示。

$$P = \frac{检索出的相关文档个数}{检索出的全部文档个数} \tag{2-6}$$

其中，在检索出的全部文档个数中包括与查询相关的文档以及不相关的文档，在此我们将其取值为 10。MAP 指模型的平均精度，它是针对不同的查询计算 AP 值，然后再对这些AP 值取平均，AP 指平均准确率，是对不同召回率上的准确率求平均。例如，在本书中，针对检索出来的 10 篇文档，每次只选取前 $k(k=1,2,\cdots,10)$ 个文档作为筛选结果，计算出不同的召回率和准确率，这些准确率的平均值为 AP 值，然后计算所有查询对应的 AP 值的平均值以得到 MAP。nDCG 利用 IDCG 来对 DCG 结果进行归一化处理，表示当前 DCG 与IDCG 相比还差多少，IDCG 表示理想情况下最大的 DCG 值，DCG 是在累计增益 CG 的基础上加入了排名位置信息作为分母，表示排名越靠后的文档对于指标值的影响越小，DCG的计算公式如式(2-7)所示。

$$DCG@10 = \sum_{k=1}^{10} \frac{Score}{\log_2(k+1)} \tag{2-7}$$

其中，k 为排名中的第 k 个位置；Score 表示各个位置对应的文档与查询之间的相似度得分。nDCG 的计算公式如式(2-8)所示。

$$nDCG@10 = \frac{DCG@10}{IDCG@10} \tag{2-8}$$

2.3.2 基准模型

实验中将一些现存的基准模型(如 BM25、DRMM、无监督句子级检索模型以及在课题研究过程中提出的无监督句子级关联匹配模型)与 MI-DRMM 进行比较，本小节将对这些基准模型进行简要介绍。

BM25：该模型代表了一种经典的概率检索模型[4]，将查询分解成若干单词项，计算每个单词项与待检索文档的相似度得分，并对所有相似度得分进行加权求和。它通过词项频率和文档长度归一化来改善检索结果。

无监督句子级检索模型：左家莉等人提出一种结合句子级别检索的文档检索模型，首先计算待检索文档中每个句子与查询的相似度得分，然后通过对这些相似度得分的简单求和、求平均或取最大值来获取整个文档与查询的相似度得分，这里分别将 3 种不同的整合方法表示为 SRIR1、SRIR2 和 SRIR3。李宇等人提出一种文档检索中的片段化机制，通过设定合适的阈值从文档中筛选出高度相关片段，计算其在全部片段中所占比率，然后将相关片段中的最高相似度得分与相关片段比率的乘积作为整个文档与查询的相似度得分，这里将该模型记为 TSM_BM25。我们在整个课题的研究过程中也提出了一种无监督句子级检索模型，先使用预训练的 Sentence-Bert 模型获取查询与待检索文档中各个句子的向量表示，然后使用余弦距离计算句子之间的相似度得分，最后使用现有的整合方法获取整个文档的得分，模型记作 MI-IR。

DRMM：该模型是一种关注文本交互的深度匹配模型，通过计算查询中的词与待检索文档中的词之间的相似度获取局部关联匹配直方图，然后通过前馈神经网络学习出分层的关联匹配从而获取最终查询-文档对的相似度得分。

2.3.3　实验设置

MI-DRMM 是由一个三层前馈神经网络和一个一层门控网络构成的，在前馈神经网络中，一层输入层接收局部关联匹配信号，设有 30 个节点，两个隐藏层分别包含 5 个节点和 1 个节点，获取每个查询句与文档的相似度得分；门控网络设有 1 个节点，获取最终查询-文档对的相似度得分。在训练时，使用 Adam（Adaptive Moment Estimation，自适应矩估计）优化器，批次大小设为 20，学习率设为 0.01，迭代轮数设为 3，门控网络中参数向量的维度设为 768，与句向量的维度保持一致。对基准模型 DRMM，使用 CBOW 模型获取 300 维的词向量用于计算查询中的词与待检索文档中的词之间的局部关联。

2.3.4　结果分析

本小节首先展现不同的基准模型以及 MI-DRMM 在 Med 数据集上的实验结果，如表 2-2 所示。可以看出，几个无监督的句子级检索模型均比传统的文档级概率检索模型 BM25 在性能上有所提升，这表明一些相似度计算方法可能会受到文本长度的影响。在这些无监督句子级检索模型中，SRIR 模型与 TSM_BM25 模型的检索性能相差不大，表明在 Med 数据集上对用 BM25 公式计算出来的文档句的相似度得分使用不同的无监督整合方法差别不大，而本书在课题研究过程中提出的 MI-IR 模型，相对于其他几种无监督句子级检索模型在准确率和 nDCG 上均有一定的提升，说明 Sentence-Bert 模型确实能更好地捕获句子的语义信息，从而提升文档检索的性能。神经信息检索模型 DRMM 相较于传统的 BM25

模型在 MAP、$P@10$ 以及 nDCG@10 上分别有 8.1%、11.9% 和 6.9% 的提升，且其优于几种无监督的句子级检索模型，比 MI-IR 模型在 MAP 上有 7.3% 的提升，这也表明了关注文本之间交互的深度神经网络检索方法能够提升文档检索的性能。

表 2-2 Med 数据集测试评估

模　　型	MAP	$P@10$	nDCG@10
BM25	0.528	0.637	0.683
SRIR1	0.530	0.650	0.699
SRIR2	0.538	0.650	0.701
SRIR3	0.523	0.667	0.697
TSM_BM25	0.530	0.667	0.709
MI-IR	0.532	0.683	0.725
DRMM	0.571	0.713	0.730
MI-DRMM	0.626	0.760	0.788

在这些信息检索模型中，本书所提出的 MI-DRMM 明显表现更好，其相较于传统信息检索模型 BM25 在 MAP、$P@10$ 以及 nDCG@10 上分别有 18.6%、19.3% 和 15.4% 的提升；较无监督句子级检索模型中表现最好的 MI-IR 模型分别有 17.7%、11.3% 和 8.9% 的提升；较深度关联匹配模型 DRMM 分别有 9.6%、6.6% 和 7.9% 的提升。结果证实了以语义相对完整的句子为单位的查询-文档对之间的局部关联匹配要比以词为单位的局部关联匹配表现好，能够捕获文本之间更加精确的匹配信息。

表 2-3 所示为 MI-DRMM 在某领域内文本信息检索数据集上的实验结果，实验结果表明我们提出的改进的检索方法在中文某领域内文档集中依然适用且表现良好。

表 2-3 MI-DRMM 在某领域内文本信息检索数据集测试评估

模　　型	MAP	$P@10$	nDCG@10
MI-DRMM	0.607	0.706	0.750

2.3.5 消融实验

为了对 MI-DRMM 做进一步分析，以验证模型打乱查询中局部匹配直方图输入顺序以及使用交叉熵损失的有效性，本小节继续在通用数据集 Med 上进行消融实验，并对实验结果进行分析，实验结果如图 2-3 所示。其中，MI-DRMM$_{sequence}$ 表示查询匹配直方图顺序未打乱且使用交叉熵损失的 MI-DRMM；MI-DRMM$_{hinge}$ 表示查询匹配直方图顺序打乱且使用链损失的 MI-DRMM；MI-DRMM$_{hinge \times sequence}$ 表示既未将查询匹配直方图顺序打乱又未使用交叉熵损失的 MI-DRMM。

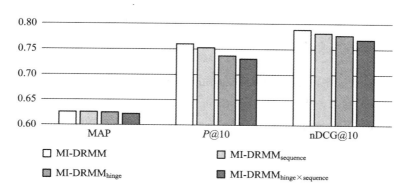

图 2 - 3 消融实验评估

从图中数据可以看出，在同样使用了交叉熵损失的情况下，打乱查询句的顺序比不打乱查询句的顺序在 $P@10$ 和 nDCG@10 上均有近 1％的提升；在同样打乱查询句的顺序的情况下，使用交叉熵损失比使用链损失在 $P@10$ 和 nDCG@10 上分别有近 3％和近 2％的提升，在 MAP 上有 0.3％的提升；不打乱查询句顺序且使用链损失的模型效果最差，在 MAP 指标上低于 MI-DRMM0.8％，在 $P@10$ 和 nDCG@10 上分别低于 MI-DRMM 近 4％和近 3％。总的来说，我们选择的最优的 MI-DRMM 相比于 MI-DRMM$_{sequence}$、MI-DRMM$_{hinge}$ 以及 MI-DRMM$_{hinge×sequence}$ 在 Top-K 个检索文档的 MAP、准确率和 nDCG 上均有一定的提升，证实我们提出的打乱查询中句子的输入顺序以及使用交叉熵损失对于提升文档检索性能的有效性。

本 章 小 结

本章主要针对课题研究中的信息检索问题提出了 MI-DRMM，该模型基于多示例文本表示的思想，将文本表示成句子包，进行句子级的交互并结合深度关联匹配模型完成相关文档检索。本章首先对检索任务进行分析并形成建模思路；然后对提出的 MI-DRMM 进行详细介绍，并对句子级关联匹配和深度关联匹配展开详细介绍；最后在信息检索数据集上进行实验验证与对比分析，以证明所提出模型的有效性。本章的相关研究为后续多文档摘要工作的进行提供了基础。

参 考 文 献

[1] 何维. 基于多示例学习的中文文本表示及分类研究[D]. 大连：大连理工大学，2009.
[2] PETERS M，NEUMANN M，LYYER M，et al. Deep Contextualized Word Representations[C]//Proceedings of the 2018 Conference of the North American Chapter of the Association for Computational Linguistics：Human Language

Technologies. Stroudsburg：ACL，2018：2227-2237.

[3]　HUI K，YATES A，BERBERICH K，et al. PACRR：A Position-Aware Neural IR Model for Relevance Matching[C]//Proceedings of the 2017 Conference on Empirical Methods in Natural Language Processing. Stroudsburg：ACL，2017：1049-1058.

[4]　ROBERTSON S E，WALKER S. Some simple effective approximations to the 2-poisson model for probabilistic weighted retrieval[C]//Proceedings of the 17th Annual International ACM-SIGIR Conference on Research and Development in Information Retrieval. New York：ACM，1994：232-241.

第 3 章

基于多粒度语义交互的抽取式多文档摘要

为了从海量数据中快速、准确地获取关键信息，只进行文档检索显然是不够的，返回的相关文档中往往包含大量重复或相似的信息，多文档摘要技术能很好地解决这个问题，其目的就在于对文档集合中的内容进行精炼，从而生成一个具有概括性的、冗余度低的、简洁的文本。本章旨在研究一种多文档摘要技术，对检索出的相关文档进行摘要句抽取，以获取全面的、冗余度低的关键信息。

本章首先在 Hierarchical Transformer 的基础上形成初步解决思路，然后对 Hierarchical Transformer 进行简要概述，并构建一种基于多粒度语义交互的抽取式多文档摘要模型（Multi-Granularity Semantic Interaction Extractive Multi-Document Summarization Model），该模型即为 MGSI，最后通过实验与对比分析验证模型的有效性。

3.1　问题分析

多文档摘要技术就是对同一主题的多个文档中的内容进行概括，形成一个能够涵盖各个方面关键信息的简洁摘要。多文档摘要的方法可分为抽取式和生成式两类，由于生成式方法相对复杂，当前的主流方法仍然是抽取式方法。在抽取式多文档摘要中，要解决的主要问题是保证抽取的句子对源文档的主题覆盖度，即要能涵盖源文档中不同方面的关键信息，并且重复信息尽可能少。

神经网络已被证实能有效提高文本摘要的质量，其中，神经抽取式方法主要关注源文档中句子的向量表示。近年来，层次框架在多文档摘要中的有效性已被证明，使用多个编码器对多文档中的层次关系进行建模，这种分层编码的方式，允许跨文档的信息交互，而不是简单地将多篇文档拼接，作为一个单文档处理，从而可以使用跨文档交互获取的全局信息来更新文本表示。然而，在当前的工作中，对结构化语义整合方法的研究较少。我们借鉴 Hierarchical Transformer 模型的思想，使用 Multi-head 注意力机制进行单词、句子和文档 3 种粒度之间的语义交互，训练包含不同粒度关键信息的句子表示，以保证在计算句子重要程度时能够充分考虑其针对主题内容的全面性，同时结合改进的 MMR 算法通过排序学习为源文档中的各个句子打分，保证在打分时能够考虑句子的重要度和冗余度，选取TOP-K 个句子作为最终的摘要句。

3.2 Hierarchical Transformer 概述

Hierarchical Transformer 模型是一个基于 Transformer 结构的分层模型，模型由多个随意堆叠的局部和全局的 Transformer 层构成。对于文档集 $D = \{d_1, d_2, \cdots, d_N\}$，令 w_{ij} 表示文档 d_i 中的第 j 个词，词 w_{ij} 的初始向量记为 e_{ij}，为了表明输入单词的位置信息，使用 Transformer 中按奇偶位计算的位置编码，如式（3-1）所示。

$$\begin{cases} \mathrm{PE}_{(pos, 2t)} = \sin(pos/10\,000^{2t/d}) \\ \mathrm{PE}_{(pos, 2t+1)} = \cos(pos/10\,000^{2t/d}) \end{cases} \tag{3-1}$$

其中，pos 表示位置索引；t 表示维度索引；d 表示向量的维度。对于每个单词，有两个位置编码需要考虑：文档的位置编码 PE_i 和文档中单词的位置编码 PE_j，则最终的位置编码 pe_{ij} 及每个单词的输入向量 $\boldsymbol{h}_{w_{ij}}^0$ 分别如式（3-2）和（3-3）所示，将初始编码与位置编码相加作为最终的输入向量，且在模型的第 $l(l=1, 2, \cdots, L)$ 层中，上一层的输出作为当前层的输入。

$$pe_{ij} = [\mathrm{PE}_i ; \mathrm{PE}_j] \tag{3-2}$$

$$\boldsymbol{h}_{w_{ij}}^0 = \boldsymbol{e}_{ij} + pe_{ij} \tag{3-3}$$

3.2.1 局部 Transformer 层

局部 Transformer 层用于对同一文档中单词之间的上下文信息进行编码，使用 Multi-head 注意力机制实现单词之间的交互。Multi-head 允许每个词关注具有不同注意力分布的其他词，词向量的更新如下所示。

$$h = \mathrm{LayerNorm}(\boldsymbol{h}_{w_{ij}}^{l-1} + \mathrm{MHAtt}(\boldsymbol{h}_{w_{ij}}^{l-1}, \boldsymbol{h}_{w_{i*}}^{l-1})) \tag{3-4}$$

$$\boldsymbol{h}_{w_{ij}}^l = \mathrm{LayerNorm}(h + \mathrm{FFN}(h)) \tag{3-5}$$

式（3-4）中，MHAtt 为 Vaswani 等人[1]提出的 Multi-head 注意力机制；$\boldsymbol{h}_{w_{ij}}^{l-1}$ 为文档 d_i 中第 j 个单词的输入向量，作为注意力中的 query；$\boldsymbol{h}_{w_{i*}}^{l-1}$ 表示文档 d_i 中各个单词的输入向量，作为注意力中的 keys 和 values；LayerNorm 是层归一化函数；FFN 是一个使用 ReLU 作为激活函数的两层前馈神经网络。

3.2.2 全局 Transformer 层

全局 Transformer 层用于不同文档之间的信息交互。首先使用多头池化操作(Multi-head Pooling)获取每一个文档由不同注意力权重得到的固定长度的编码；然后，对每一个头（Head），使用自注意力机制令文档之间进行交互，生成一个上下文（Context）向量，以捕获文档间的上下文信息；最后将各个头的上下文向量结合，线性变换，分别与每个词向量相加后输入一个前馈层（Feed-forward），通过全局信息完成对词向量的更新。全局 Transformer 层的示意图如图 3-1 所示。

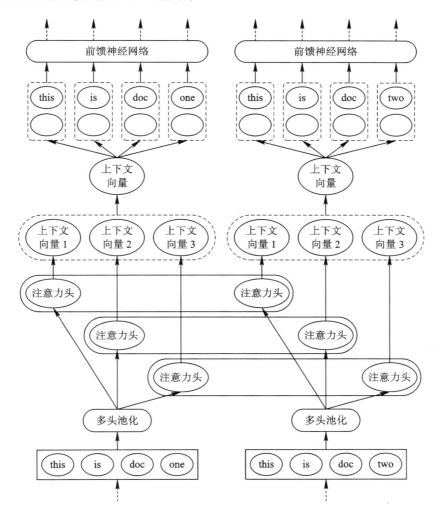

图 3-1　全局 Transformer 层的示意图

　　具体地，令 $\boldsymbol{h}_{w_{ij}}^{l-1}$ 表示词 w_{ij} 上一层的输出，也即当前层的输入，对每个文档，都有头 $z \in \{1, 2, \cdots, H\}$，首先为输入的词向量计算注意力得分 $\boldsymbol{a}_{ij}^{z}$ 和值向量 $\boldsymbol{b}_{ij}^{z}$，如式（3-6）和式（3-7）所示，并且在每一个头中，根据注意力得分，为文档中的所有单词计算一个概率分布：

$$\boldsymbol{a}_{ij}^{z} = W_{a}\boldsymbol{h}_{w_{ij}}^{l-1} \qquad\qquad (3-6)$$

$$\boldsymbol{b}_{ij}^{z} = W_{b}\boldsymbol{h}_{w_{ij}}^{l-1} \qquad\qquad (3-7)$$

$$\hat{\boldsymbol{a}}_{ij}^{z} = \frac{\exp(\boldsymbol{a}_{ij}^{z})}{\sum_{j=1}^{n} \exp(\boldsymbol{a}_{ij}^{z})} \qquad\qquad (3-8)$$

　　在式（3-6）～式（3-8）中，参数 $W_{a} \in \mathbf{R}^{1*d}$，$W_{b} \in \mathbf{R}^{d_{head}*d}$，不同头取不同的参数值，

$d_{\text{head}} = d/H$ 是每一头的维度，n 表示文档中的单词个数。然后使用线性变换和层归一化进行加权求和，在每一头分别计算文档的向量表示，如式（3 - 9）所示，式中参数 $W_h \in \mathbf{R}^{d_{\text{head}} * d_{\text{head}}}$。

$$\text{head}_i^z = \text{LayerNorm}\left(W_h \sum_{j=1}^{n} \boldsymbol{a}_{ij}^z \boldsymbol{b}_{ij}^z\right) \qquad (3-9)$$

在获取了各个文档的多头表示后，使用自注意力机制让各个头中的不同文档进行交互，以获取文档间的上下文信息：

$$q_i^z = W_q \text{head}_i^z \qquad (3-10)$$

$$k_i^z = W_k \text{head}_i^z \qquad (3-11)$$

$$v_i^z = W_v \text{head}_i^z \qquad (3-12)$$

$$\text{context}_i^z = \sum_{i=1}^{N} \frac{\exp(q_i^{z\,T} k_{i'}^z)}{\exp(q_i^{z\,T} k_*^z)} v_{i'}^z \qquad (3-13)$$

参数 W_q、W_k 和 $W_v \in \mathbf{R}^{d_{\text{head}} * d_{\text{head}}}$，式（3 - 13）中下标 i' 表示文档集中的任一文档，下标 $*$ 表示全部文档。

最后使用前馈神经网络将各个头的 context 向量融合，并使用融合后的 c_i 来更新词向量。如式（3 - 14）～式（3 - 16）所示，先通过线性转换融合不同头的 context 向量，然后将 c_i 分别与每一个输入词向量 $\boldsymbol{h}_{w_{ij}}^{l-1}$ 相加，通过一个使用 ReLU 作为激活函数的两层前馈神经网络和归一化层完成词向量的更新。

$$c_i = W_c\left[\text{context}_i^1; \text{context}_i^2; \cdots; \text{context}_i^H\right] \qquad (3-14)$$

$$g_{ij} = W_2 \text{ReLU}(W_1(\boldsymbol{h}_{w_{ij}}^{l-1} + c_i)) \qquad (3-15)$$

$$\boldsymbol{h}_{w_{ij}}^l = \text{LayerNorm}(g_{ij} + \boldsymbol{h}_{w_{ij}}^{l-1}) \qquad (3-16)$$

参数 $W_c \in \mathbf{R}^{d*d}$，$W_1 \in \mathbf{R}^{d_{\text{hidden}} * d}$，$W_2 \in \mathbf{R}^{d * d_{\text{hidden}}}$，其中 d_{hidden} 为前馈神经网络中隐藏层的大小。这样，同时使用局部和全局的注意力就能让每个单词都经过一次分层的上下文更新，捕获与其他文档之间的交互信息。

3.3 多粒度语义交互抽取式多文档摘要模型

基于 3.1 节的问题分析，为了在抽取式多文档摘要模型中充分利用文本之间的交互信息来获取句子表示，我们在 Hierarchical Transformer 的基础上添加了句子的层次关系，通过构建单词、句子和文档 3 种粒度的语义交互网络来训练句子表示，捕获不同粒度的关键信息，从而保证摘要的全面性，结合改进的 MMR 算法保证摘要的低冗余度，通过排序学习为输入的多篇文档中的各个句子打分并完成摘要句的抽取。本节对多粒度语义交互抽取式多文档摘要模型进行详细介绍。

3.3.1 模型架构

多粒度语义交互抽取式多文档摘要模型由一个多粒度编码器和一个改进的 MMR 模块

构成。基于单词、句子和文档 3 种粒度构建语义交互图,在同种粒度中使用 Multi-head 自注意力机制捕获语义关系,不同粒度之间使用 Multi-head 交叉注意力机制捕获语义关系,并通过融合门对多粒度交互信息进行融合,完成对句子表示的更新,使学习到的句向量具有更丰富的特征,包含不同粒度的语义信息;然后使用改进的 MMR 算法通过排序学习对输入多篇文档中的全部句子进行打分,并选取得分最高的 K 个句子作为候选摘要句。模型的整体架构如图 3-2 所示。多粒度编码器和改进的 MMR 模块将分别在 3.3.2 和 3.3.3 小节介绍。

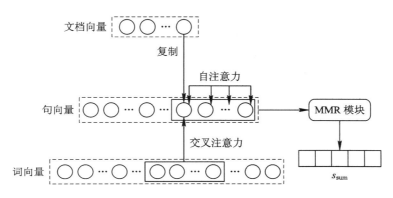

图 3-2　多粒度语义交互抽取式多文档摘要模型

3.3.2　多粒度编码器

使用多粒度编码器获取更新的句子表示。对于输入的文档集 $D=\{d_1, d_2, \cdots, d_N\}$,首先构建多粒度语义交互图,多粒度编码器的每一层包含两个部分:第一部分是一个注意力层,使用 Multi-head 注意力机制捕获句子与句子以及句子与单词之间的语义关系,然后使用一个融合门融合不同粒度之间的语义交互信息;第二部分是一个全连接的前馈网络,完成多粒度语义信息的进一步转换。

如图 3-3 所示,与 Hierarchical Transformer 一样,$d_i(i=1, 2, \cdots, N)$ 表示输入文档中的第 i 个文档,在其基础上,添加句子级的层次关系,令 s_{ij} 表示文档 d_i 中的第 j 个句子,w_{ijk} 表示 d_i 中第 j 个句子中的第 k 个单词,s_{i*} 表示文档 d_i 中的各个句子,w_{ij*} 表示句子 s_{ij} 中的各个单词,词 w_{ijk} 的初始向量记为 e_{ijk},同样结合按奇偶位计算的位置编码获取输入向量,不同的是,本小节的多粒度编码器需要考虑 3 个位置编码:文档位置编码 PE_i、文档中句子位置编码 PE_j 和句子中单词的位置编码 PE_k,因此最终的位置编码和输入层的词向量分别如式(3-17)和(3-18)所示。

$$\text{pe}_{ijk}=[\text{PE}_i ; \text{PE}_j ; \text{PE}_k] \tag{3-17}$$

$$\boldsymbol{h}^0_{w_{ijk}}=\boldsymbol{e}_{ijk}+\text{pe}_{ijk} \tag{3-18}$$

句子表示 $\boldsymbol{h}^0_{s_{ij}}$ 和文档表示 $\boldsymbol{h}^0_{d_i}$ 均初始化为零,通过对 3 种粒度的语义交互信息的融合来更新句向量:首先是同一文档中句子之间通过 Multi-head 自注意力机制捕获的上下文表示 $\tilde{h}^l_{s_{ij}}$,即图 3-3 中通过 Multi-head 自注意力模块获取的 d_i 中各个句向量 $h_{s_{i*}}$ 之间的交互信息；然后是句子和句中单词之间通过 Multi-head 交叉注意力机制捕获的词粒度的语义信息 $\overrightarrow{\boldsymbol{h}}^{l}_{s_{ij}}$；最后是句子所在文档传递的文档粒度的语义信息 $\overleftarrow{\boldsymbol{h}}^{l}_{s_{ij}}$，分别如式（3－19）～式（3－21）所示。

$$\widetilde{\boldsymbol{h}}^{l}_{s_{ij}} = \mathrm{MHAtt}(\boldsymbol{h}^{l-1}_{s_{ij}}, \boldsymbol{h}^{l-1}_{s_{i*}}) \qquad (3-19)$$

$$\overrightarrow{\boldsymbol{h}}^{l}_{s_{ij}} = \mathrm{MHAtt}(\boldsymbol{h}^{l-1}_{s_{ij}}, \boldsymbol{h}^{l-1}_{w_{ij*}}) \qquad (3-20)$$

$$\overleftarrow{\boldsymbol{h}}^{l}_{s_{ij}} = \boldsymbol{h}^{l-1}_{d_i} \qquad (3-21)$$

其中，$\boldsymbol{h}_{s_{i*}}$ 表示文档 d_i 中的各个句子对应的向量；$\boldsymbol{h}_{w_{ij}}$ 表示句子 s_{ij} 中各个单词对应的向量；式（3－19）中句子表示 $\boldsymbol{h}^{l-1}_{s_{ij}}$ 作为注意力中的 query，$\boldsymbol{h}^{l-1}_{s_{i*}}$ 作为 keys 和 values；式（3－20）中句子表示 $\boldsymbol{h}^{l-1}_{s_{ij}}$ 作为注意力中的 query，词表示 $\boldsymbol{h}^{l-1}_{w_{ij*}}$ 作为 keys 和 values。

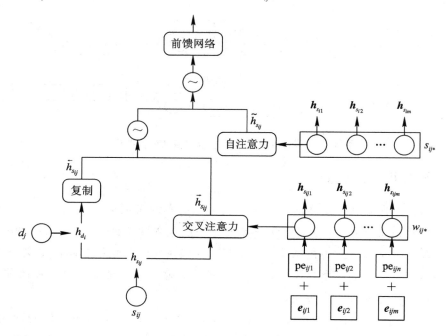

图 3 - 3　多粒度编码器

通过两个融合门将多粒度语义信息聚合，获取全局交互信息 $f^{l}_{s_{ij}}$，如式（3－22）所示，首先将句子与单词之间的交互和句子与文档之间的交互聚合，然后再将其与句子之间的交互进行聚合，Fusion 为融合门，原理如式（3－23）和式（3－24）所示。式（3－24）中参数 $W_z \in \mathbf{R}^{2d*1}$，$b \in \mathbf{R}$，$\sigma$ 为 sigmoid 激活函数。

$$f^{l}_{s_{ij}} = \mathrm{Fusion}(\mathrm{Fusion}(\overrightarrow{\boldsymbol{h}}^{l}_{s_{ij}}, \overleftarrow{\boldsymbol{h}}^{l}_{s_{ij}}), \widetilde{\boldsymbol{h}}^{l}_{s_{ij}}) \qquad (3-22)$$

$$\mathrm{Fusion}(x, y) = zx + (1-z)y \qquad (3-23)$$

$$z = \sigma(W_z[x;y] + b) \qquad (3-24)$$

为了进一步转换多粒度语义信息，与 Hierarchical Transformer 中词向量更新的思路一样，将捕获的全局交互信息 $f^{l}_{s_{ij}}$ 与该层输入句向量 $\boldsymbol{h}^{l-1}_{s_{ij}}$ 相加，然后将其传入使用 ReLU 作为激活函数的两层前馈网络中，归一化后输出。此时公式如式（3－25）和式（3－26）所示，参

数 $W_1 \in \mathbf{R}^{d_{\text{hidden}} * d}$，$W_2 \in \mathbf{R}^{d * d_{\text{hidden}}}$，$d_{\text{hidden}}$ 为前馈网络中隐藏层的大小，最终获取句向量 $\boldsymbol{h}_s^L$ 用于后续的排序学习。

$$g_{s_{ij}} = W_2 \text{ReLU}(W_1(\boldsymbol{h}_{s_{ij}}^{l-1} + f_{s_{ij}}^l)) \qquad (3-25)$$

$$\boldsymbol{h}_{s_{ij}}^l = \text{LayerNorm}(\boldsymbol{h}_{s_{ij}}^{l-1} + g_{s_{ij}}) \qquad (3-26)$$

3.3.3　MMR 模块

直观上来看，结合 MMR 算法能够选择与输入文档密切相关且彼此之间重复内容较少的句子。通过上述多粒度编码器，可以获取输入多文档中各个句子的向量表示 $\boldsymbol{h}_s^L$，该向量已经包含了输入的多篇文档中不同粒度的关键信息，因此对于句子的重要程度，考虑使用基于句子本身特征的方法代替 1.2.3 小节中计算句子与源文档之间的相似度，以避免相似度计算过程中丢失句子的相关重要信息。改进后的 MMR 得分计算公式如式（3-27）所示，式中的前半部分通过一个线性转换层的计算来表示句子本身的重要性，参数 $W_s \in \mathbf{R}^{d*1}$，$b_s \in \mathbf{R}$，$\boldsymbol{h}_s^L$ 为输入文档中任意一个句子的向量；后半部分计算句子 s 与源文档中除该句以外的其他所有句子的相似度的最大值，这里使用余弦相似度函数，以保证最终抽取的句子包含尽可能少的重复信息，其中 s' 表示源文档中除 s 以外的其他所有句子。

$$\text{MMR}_s = \lambda(W_s \boldsymbol{h}_s^L + b_s) - (1-\lambda) \max_{s' \in D \setminus s} \text{Sim}(\boldsymbol{h}_s^L, \boldsymbol{h}_{s'}^L) \qquad (3-27)$$

随后再添加一个 sigmoid 激活函数对 MMR 得分进行归一化处理，如式（3-28）所示，σ 表示 sigmoid 激活函数。

$$\overline{\text{MMR}_s} = \sigma(\text{MMR}_s) \qquad (3-28)$$

将使用多粒度编码器获取的句子特征向量输入 MMR 模块中，通过排序学习为每个句子打分，得到最终的排序列表，使用交叉熵作为损失函数，如式（3-29）所示，其中 y_s 为句子的真实得分。

$$L = -\frac{1}{N} \sum_{n=1}^{N} \left[y_s^{(n)} \log \overline{\text{MMR}_s}^{(n)} + (1-y_s^{(n)}) \log(1-\overline{\text{MMR}_s}^{(n)}) \right] \qquad (3-29)$$

3.4　实验结果与分析

实验中分别使用自动评估和人工评估的方法在公开的 Multi-News 数据集上对提出的 MGSI 进行评估，并与 LexRank、TextRank、PGN 等基准模型进行对比分析，证明该模型能够有效地提升多文档摘要的质量。本节首先介绍了 Multi-News 数据集以及评估指标，然后介绍了使用的基准模型以及实验中的参数设置，最后对实验结果进行分析。

3.4.1　实验数据及评价方法

Multi-News 数据集是用于多文档摘要的第一个大规模数据集，其中的每个样本由一个人工摘要及其对应的多个源文档组成，其中，训练集包含 44 972 个样本，验证集和测试集各包含 5 622 个样本。每个摘要平均有 264 个单词,对应的同一主题的源文档平均有 2 103 个单词,摘要对应源文档个数的信息如表 3-1 所示。数据集中的摘要均为生成式摘要,为了满足抽取式模型的训练,使用 Jin 等人[2]提出的通过计算与人工摘要的 Rouge-2 得分构建的标签序列。

表 3-1 Multi-News 数据集源文档个数分布

源编号	文档个数	源编号	文档个数
1	23 894	6	382
2	12 707	7	209
3	5022	8	89
4	1873	9	33
5	763		

我们使用 Rouge 得分[3]对 MGSI 模型进行自动评估,Rouge 是基于摘要中 n 元词的共现信息来评价摘要,参考 Lebanoff 等人[4]的工作,实验中分别使用 Rouge-1、Rouge-2 和 Rouge-SU4 得分作为多文档摘要自动评估的指标,Rouge 是机器翻译和文本自动摘要中一种常用的评价指标,Rouge-N 主要统计 N-gram 上的召回率,计算公式如式(3-30)所示。

$$Rouge\text{-}N = \frac{\text{参考摘要与预测摘要中共有 } N\text{-gram 个数}}{\text{参考摘要中 } N\text{-gram 个数}} \qquad (3-30)$$

即计算参考摘要与模型预测出的摘要中所共有的 N-gram 的个数占参考摘要中总 N-gram 个数的比例。Rouge-SU4 也可对摘要的 N-gram 进行统计,与 Rouge-N 不同的是,它允许跳词,在将预测出的摘要与参考摘要进行匹配时,不要求单词之间必须连续,可以跳过几个单词,考虑了所有按词序排列的词对,能够更深入地反映句子的词序。

3.4.2 基准模型

通过将本书的基于多粒度语义交互的抽取式多文档摘要模型(MGSI)与 LexRank、TextRank、PGN 等多文档摘要基准模型进行对比,来验证其提升摘要质量的有效性,本小节对这些基准模型分别做简要的介绍。

LexRank 是一种无监督的基于图排序的抽取式摘要方法,将文档中的句子作为图中节点,节点之间的连线表示句子间的相似度,通过对句子的相似性进行投票打分以确定句子的重要程度。TextRank 也是一种无监督的基于图排序的方法,句子的重要性得分通过加权图中特征向量的中心性进行计算;MMR 计算句子与原始文档的相关性以及与文档中其他句子之间的相似度,基于相关度和冗余度对候选句子打分,根据得分排名选择句子生成摘要。PGN[5]是一种基于循环神经网络的生成式摘要模型,该模型使用注意力机制,允许通过指针从源文档中复制单词,也允许根据固定词汇表生成单词,有效缓解了 OOV 问题。

CopyTransformer[6] 对 Transformer 进行扩展，使用一个内容选择器从源文档中筛选出可作为摘要中内容的短语，并将该选择器作为自底向上的注意力机制步骤来对模型进行约束。Hi-MAP 对指针生成网络进行扩展，将其扩展成层次网络，在摘要生成的过程中，结合 MMR 模块对句子打分。

3.4.3　实验设置

通过初步实验对参数进行设置，词向量维度和隐藏层单元数设为 512，前馈层单元个数设为 2 048，使用 8 头注意力机制，输入时，在不同文档以及同一文档的不同句子之间分别引入特殊符号，以便于模型对不同粒度进行区分。模型训练时，丢弃率[7] 设为 0.1，Adam 优化器的初始学习率 α 设为 0.000 1，动量 β_1 设为 0.9，β_2 设为 0.999，权重衰减 ε 设为 10^{-5}，批次大小设为 10，超参数 $\lambda = 0.5$，在抽取句子生成摘要时，按照排序抽取 Top - 5 个句子作为最终的摘要句。

3.4.4　结果分析

本小节分别使用自动评估和人工评估的方法对 MGSI 以及基准模型在 Multi-News 数据集上的表现进行评估，在基准模型中同时包含抽取式模型和生成式模型，通过对这些多文档摘要基准模型与我们提出的摘要模型的对比分析能更好验证我们提出的方法的有效性。自动评估结果如表 3 - 2 所示，其中 MGSI 即为基于多粒度语义交互的抽取式多文档摘要模型。

表 3 - 2　**Multi-News 数据集多文档摘要测试评估(%)**

模　　型	Rouge - 1	Rouge - 2	Rouge - SU4
LexRank	38.27	12.70	13.20
TextRank	38.44	13.10	13.50
MMR	38.77	11.98	12.91
PGN	41.85	12.91	16.46
CopyTransformer	43.57	14.03	17.37
Hi-MAP	43.47	14.89	17.41
MGSI	43.85	15.98	19.62

对于抽取式基准模型，三者在 Multi-News 数据集上的表现相差很小，其中 MMR 的 Rouge - 1 得分比 LexRank 和 TextRank 分别高 0.5 个点和 0.33 个点，而 Rouge - 2 和 Rouge - SU4 得分则均低于 LexRank 和 TextRank。生成式基准模型普遍比抽取式基准模型表现好，这可能是因为 Multi-News 数据集中的参考摘要都是人工撰写的摘要，更倾向于使用新的单词和短语来对源文档进行总结。在几个生成式基准模型中，CopyTransformer 比 PGN 在 Rouge - 1、Rouge - 2 和 Rouge - SU4 等 3 个指标上分别提升了近 4%、9% 和 6%，表明 Transformer 框架在文本摘要任务中优于指针网络；Hi-MAP 则比 PGN 在 3 个

指标上分别提升了近 4％、15％和 6％，表明在指针网络的基础上添加 MMR 模块能有效提高文本摘要的质量。

MGSI 在 Rouge 等 3 个指标上的得分分别是 43.85、15.98 和 19.62，优于所有的基准模型。与 MMR 相比，MGSI 在 Rouge-1 上提升了 13.1％，在 Rouge-2 上提升了 33.4％，在 Rouge-SU4 上提升了 52.0％，这说明将多粒度语义交互网络与改进的 MMR 相结合抽取的摘要相对于仅用 MMR 模型抽取的摘要有很大的改进，也表明了多粒度层次交互网络的有效性。使用该网络能够捕获包含不同粒度关键信息的句子表示，从而提高文本摘要的质量。从表 3-2 中还可以看出，即使与一些生成式的强基准模型相比，MGSI 表现也不差，比 CopyTransformer 在 3 个指标上分别提升了 0.6％、13.9％和 13％，比 Hi-MAP 分别提升了 0.9％、7.3％和 12.7％，表明不同粒度之间的语义交互能够充分利用层次表示，如跨文档、跨句子之间的语义交互，从而使更新后的句向量包含更丰富的关键信息，即在多文档摘要任务中使用层次编码框架能够有效提升摘要的质量。

为了对摘要的质量做进一步评估，我们还进行了人工测评。人工测评要求关注 3 个指标：相关性、非冗余性和语法性。其中，相关性用来度量摘要是否覆盖源文档中的全部关键信息；非冗余性用来度量摘要是否包含重复信息；语法性用来度量摘要的语法是否通顺。从 Multi-News 数据集的测试集中随机选择 20 个样本，邀请 3 名软件工程专业的研究生对每一个样本对应的摘要依照李克特量表（Likert Scale）就 3 个评估指标分别打分，使用五级量表，分值为 1～5，1 表示最差，5 表示最好，每个指标取所有样本得分的平均值作为最终结果。从基准模型中分别选择一个表现较好的抽取式模型和一个生成式模型作为代表与本书提出的 MGSI 进行比较。

评估结果如图 3-4 所示，可以看到，MGSI 比其他两种基准模型在 3 个指标上表现都更好。在相关性上，MGSI 达到了 3.50 的最高分，表明多粒度层次交互网络确实能够挖掘句子的深层语义，从而在计算句子重要性时能考虑到各个方面的关键信息，保证抽取的句子具有更高的主题覆盖度。在非冗余度方面，MGSI 比 LexRank 和 Hi-MAP 分别高出了 0.91 分和 0.69 分，表明结合改进的 MMR 算法能够有效减少摘要中的重复信息，降低其冗余度。在语法上，Hi-MAP 模型的得分最低，这可能是因为生成式的方法需要生成新的词和句子，从而造成语法错误，而抽取式的方法由于直接从原文中抽取句子，在很大程度上保留了原意，因此很少会出现语法上的错误。

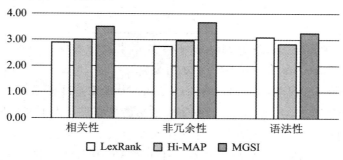

图 3-4　多文档摘要人工评估

从评估结果可以看出，虽然 MGSI 的语法性得分比基准模型略有提高，但是相对于其他两个指标来说还是比较低的，这可能是因为本章直接对抽取的句子按照其在原文中出现的位置进行排序，没有进一步考虑句子之间的逻辑关系，导致生成的摘要整体上语义连贯性较差，可读性不高，这也是后续研究中需要改进的问题。

本 章 小 结

本章主要针对课题研究中的多文档摘要问题提出了一个基于多粒度语义交互的抽取式多文档摘要模型，该模型基于 Hierarchical Transformer 的思想，使用单词、句子和文档 3 种粒度构建了多粒度句子编码器，并通过对 MMR 算法进行改进来对句子打分，完成摘要句的抽取。本章首先对多文档摘要任务进行分析，然后对 Hierarchical Transformer 模型进行简要概述，并从多粒度编码器和 MMR 模块两个方面对本书所提出的 MGSI 展开详细介绍，最后在多文档摘要数据集上进行实验验证与对比分析，以证明该模型能提升摘要的质量，有效解决多文档摘要中存在的信息主题覆盖度低、冗余度高的问题。本章的相关研究为后续的句子排序工作提供了基础。

参 考 文 献

[1]　VASWANI A，SHAZEER N，PARMAR N，et al. Attention is all you need［C］//Proceedings of the 31st Conference on Neural Information Processing Systems，Long Beach，Dec 4-9，2017. MIT Press：Cambridge，2017：5998-6008.

[2]　JIN H Q，WANG T M，WAN X J. Multi-Granularity Interaction Network for Extractive and Abstractive Multi-Document Summarization［C］//Proceedings of the 58th Annual Meeting of the Association for Computational Linguistics，Online，July 5-10，2020. Stroudsburg：ACL，2020：6244-6254.

[3]　LIN C Y. ROUGE：A Package for Automatic Evaluation of Summaries［C］//Proceedings of the Workshop on Text Summarization Branches Out，Barcelona，Stroudsburg：ACL，2004：74-81.

[4]　LEBANOFF L，SONG K Q，LIU F. Adapting the Neural Encoder-Decoder Framework from Single to Multi-Document summarization［C］//Proceedings of the 2018 Conference on Empirical Methods in Natural Language Processing，Brussels，Oct 31-Nov 4，2018. Stroudsburg：ACL，2018：4131-4141.

[5]　SEE A，LIU P J，MANNING C D. Get to the point：Summarization with pointer-generator networks［C］//Proceedings of the 55th Annual Meeting of the Association

for Computational Linguistics，Vancouver，July 30-August 4，2017. Stroudsburg：ACL，2017：1073-1083.

[6] GAHRMANN S，DENG Y T，RUSH A M. Bottom-up abstractive summarization [C]//Proceedings of the 2018 Conference on Empirical Methods in Natural Language Processing，Brussels，Oct 31-Nov 4，2018. Stroudsburg：ACL，2018：4098-4109.

[7] SRIVASTAVA N，HINTON G，KRIZHEVSKY A，et al. Dropout：a simple way to prevent neural networks from overfitting[J]. The Journal of Machine Learning Research，2014，15(1)：1929-1958.

第 4 章

基于层次注意力和指针机制的句子排序

在完成摘要句的抽取后，需要解决的问题是如何对这些句子进行排序，使其生成的摘要语义连贯、可读性强。由于本书研究的是多文档摘要，摘要句一般来源于不同的文档，如果直接按照其在原文中的出现位置进行排序，生成的摘要整体语义连贯性通常较差，因此，本章旨在研究一种句子排序技术，对第 4 章中抽取的摘要句重新排序，以进一步提升最终摘要的可读性。

本章首先在层次注意力和指针网络的基础上形成了初步的解决思路，然后构建了基于层次注意力和指针机制的句子排序模型（Hierarchical Attention and Pointer Mechanism Sentence Ordering Model），该模型简称 HAPM，最后通过实验验证与分析来证明该模型的有效性。

4.1　问 题 分 析

句子排序任务就是对一组无序的句子重新排列，使得排序后的文本逻辑通顺、语义连贯。具体来说，给定 N 个无序的句子 $S=\{s_1, s_2, \cdots, s_N\}$，其中，$s_i$ 表示第 i 个句子，目的就是为这 N 个句子找到一个最佳排序 $O=\{s_{o_1}, s_{o_2}, \cdots, s_{o_N}\}$，其中 s_{o_i} 表示排好序的连贯文本中的第 i 个位置的句子，即最大化如下概率：

$$\sum_{n=1}^{N} \log p(s_{o_n} \mid s_{o_1}, s_{o_2}, \cdots, s_{o_{n-1}}) \tag{4-1}$$

早期的句子排序方法通常是构造句子对，首先训练分类器预测两两句子之间的逻辑关系，然后再对整体进行排序，但是这类方法没有考虑全局的上下文信息，容易受独立句子对的影响。研究表明，使用端到端的神经框架的句子排序表现得更好，基于上下文句子表示按顺序去预测句子，可以充分利用全局的连贯性信息，因此我们仍然选用端到端的排序方法。目前常见的神经排序方法在编码阶段通常直接对句子进行编码，没有考虑句子中的一些关键词的相关信息，即忽略了局部的连贯性信息，实际上，在句子排序任务中，局部连贯性信息和全局连贯性信息都很重要。此外，将无序的句子集按顺序输入，直观上违背了句子的无序性。我们将层次注意力网络与指针相结合，在编码阶段使用两层注意力分别获取局部上下文和全局上下文，通过单词之间的 Multi-head 注意力获取句子的初始表示，使得模型在对句子进行编码时能捕获更多的词级别的局部信息；然后再在句子之间使用 Multi-head 注意力机制捕获全局信息并更新句子表示。在解码时，根据编码器捕获的全局信息以及已经有序的序列信息使用指针机制从输入序列中依次预测下一个句子。

4.2　基于层次注意力和指针机制的句子排序模型

基于上述问题分析，我们提出了一种基于层次注意力和指针机制的句子排序模型，来对多文档摘要中抽取出的句子进行排序，以提高摘要的整体连贯性和可读性。本节将对该模型进行详细介绍。

4.2.1　模型架构

本书的句子排序模型由一个分层的编码器和一个使用指针机制的解码器组成。在编码阶段，使用词级别的编码器通过句子中单词之间的局部交互获取句子的初始表示，然后使用句子级的编码器通过不同句子之间的交互捕获全局上下文信息，更新句向量；在解码阶段，综合编码器捕获的上下文信息和已经有序的序列信息，使用指针通过集束搜索技术依次预测下一个句子。模型的整体架构如图 4-1 所示，图中左边是编码部分，右边是解码部分，编码部分包含一个单词编码器（Word Encoder）和一个句子编码器（Sentence Encoder），e_{11}，e_{12}，…，e_{1M} 表示句子 s_1 中各个单词的词向量，通过单词编码器获取该句子的初始向量 $h_{s_1}^0$，通过句子编码器捕获全局信息获取各个句子的上下文向量 $h_{s_*}^L$；在解码部分，将编码器捕获的上下文信息 $h_{s_*}^L$ 和已经有序的序列信息 $h_{s_{o*}}^0$ 作为输入，d_*^L 表示解码器最后一层的输出，通过指针依次预测下一个句子。4.2.2 和 4.2.3 小节将分别对层次编码器和指针网络解码器进行详细介绍。

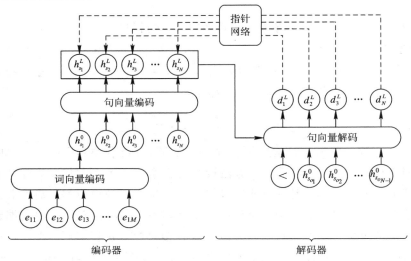

图 4-1　基于层次注意力和指针机制的句子排序模型

4.2.2　层次编码器

在一段语义连贯的文本中，每个句子中的一些关键词对于该句子应该出现的位置有着一定的影响，但是一些常见的句子排序模型通常是直接对句子进行编码，而忽略了单词粒度的关键信息，因此，我们首先通过词之间的语义交互获取句子的初始向量，使得模型能关注更多的词线索。给定句子 $s_i = \{w_{i1}, w_{i2}, \cdots, w_{iM}\}$，其中 w_{ij} 表示句子 s_i 中的第 j 个单词，使用基于双向 LSTM 的词编码器对句中的各个单词进行编码，w_{ij} 的初始向量记为 e_{ij}，则编码后的词的上下文如式（4-2）所示。

$$\boldsymbol{h}_{w_{ij}} = [\vec{\boldsymbol{h}}_{w_{ij}} ; \overleftarrow{\boldsymbol{h}}_{w_{ij}}] \tag{4-2}$$

$$\vec{\boldsymbol{h}}_{w_{ij}} = \overrightarrow{\text{LSTM}}(\boldsymbol{e}_{ij}) \tag{4-3}$$

$$\overleftarrow{\boldsymbol{h}}_{w_{ij}} = \overleftarrow{\text{LSTM}}(\boldsymbol{e}_{ij}) \tag{4-4}$$

式（4-3）中的 $\overrightarrow{\text{LSTM}}$ 表示前向阅读句子，式（4-4）中的 $\overleftarrow{\text{LSTM}}$ 表示反向阅读句子，$\vec{\boldsymbol{h}}_{w_{ij}}$ 和 $\overleftarrow{\boldsymbol{h}}_{w_{ij}}$ 则为 LSTM 的隐藏层状态，将二者拼接得到词 w_{ij} 的上下文表示 $\boldsymbol{h}_{w_{ij}}$。在单词之间应用 Multi-head 注意力来获取句子的初始表示，将局部交互信息非线性映射到 H 个不同的子空间，并通过对各个子空间向量的拼接得到句子的初始向量，具体过程如下所示。

$$Q_i^z = \text{ReLU}(W_Q^z Q) \tag{4-5}$$

$$K_i^z = \text{ReLU}(W_K^z K) \tag{4-6}$$

$$V_i^z = \text{ReLU}(W_V^z V) \tag{4-7}$$

$$\text{head}_i^z = \text{softmax}\left(\frac{Q_i^z K_i^{z\,T}}{\sqrt{d/H}}\right) V_i^z \tag{4-8}$$

$$h_{s_i}^0 = [\text{head}_i^1 ; \text{head}_i^2 ; \cdots ; \text{head}_i^H] \tag{4-9}$$

式（4-5）中 Q 为一个随机初始化的上下文向量 $\boldsymbol{q}$ 作为注意力机制中的 query，式（4-6）和式（4-7）中的 K、V 则均为句子 s_i 中各个词的上下文向量 $\boldsymbol{h}_{w_{i*}}$ 组成的向量矩阵，分别对应注意力中的 keys 和 values，参数 W_Q^z、W_K^z、$W_V^z \in \mathbf{R}^{d * d_{\text{head}}}$，且在不同子空间中对应不同的值，$z$ 表示不同的子空间。在每一个子空间中，使用 $\frac{1}{\sqrt{d/H}}$ 的比例因子来执行点积注意力，如式（4-8）所示，head_i^z 即为映射到不同子空间中维度为 d/H 的向量，式（4-9）中 $\boldsymbol{h}_{s_i}^0$ 为拼接后的初始句向量。词编码器模型如图 4-2 所示，对词的初始向量 $\boldsymbol{e}_{ij}$（$j = 1, 2, \cdots, M$）使用双向 LSTM 进行编码，获取词的上下文表示，然后在词之间使用 Multi-head 注意力（多头注意力）获取句子的初始向量 $\boldsymbol{h}_{s_i}^0$。

获取句子的初始向量后，再构建一个句子编码器，通过句子之间的交互捕获全局信息来更新句向量。句子编码器的每一层包含 3 个子层，分别是 Multi-head 自注意力层（多头自注意力层）、融合门和归一化层，如图 4-3 所示。

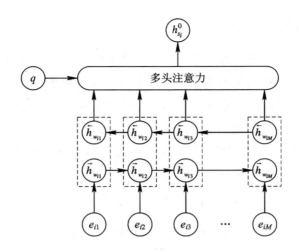

图 4-2　词编码器模型

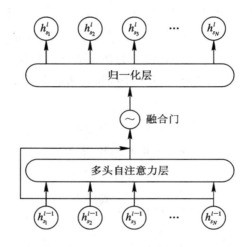

图 4-3　句子编码器

　　首先通过 Multi-head 自注意力机制完成输入句向量之间的语义交互，使每个句子能够关注到具有不同注意力分布的其他句子的信息；然后使用融合门将句向量与句子间的语义交互结合，即将注意力层的输入和输出相结合，为各个句子生成一个同时包含局部信息和全局信息的向量表示；最后通过归一化层对融合后的向量做归一化处理。具体公式如下所示，式（4-10）中 $\boldsymbol{h}_{s_i}^{l-1}$ 为句子 s_i 在句子编码器第 l（$l=1, 2, \cdots, L$）层的输入，即该层 Multi-head 自注意力子层的输入，$\widetilde{\boldsymbol{h}}_{s_i}^{l}$ 为 Multi-head 自注意力子层的输出；式（4-11）中使用的 Fusion 融合门的原理与 3.3.2 小节中式（3-23）和式（3-24）一样。

$$\widetilde{\boldsymbol{h}}_{s_i}^{l} = \mathrm{MHAtt}(\boldsymbol{h}_{s_i}^{l-1}, \boldsymbol{h}_{s_*}^{l-1}) \tag{4-10}$$

$$f_{s_i}^{l} = \mathrm{Fusion}(\boldsymbol{h}_{s_i}^{l-1}, \widetilde{\boldsymbol{h}}_{s_i}^{l}) \tag{4-11}$$

$$\boldsymbol{h}_{s_i}^{l} = \mathrm{LayerNorm}(f_{s_i}^{l}) \tag{4-12}$$

4.2.3　指针网络解码器

从图 4-1 中可以看出，解码部分包括一个句子解码器和一个指针层，句子解码器的每一层包含 4 个子层，分别是 Multi-head 注意力层（多头注意力层）、带掩码的多头自注意力层、融合门和归一化层，如图 4-4 所示，d_i^{l-1} 表示序列中第 i 个位置对应句子的输入向量，d_i^l 则表示第 i 个位置的输出向量。

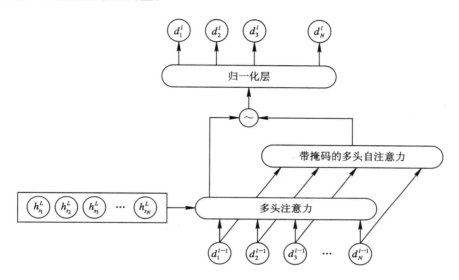

图 4-4　句子解码器

与编码器中不同，在解码器中使用两个注意力层，Multi-head 注意力层用于在解码时利用编码器捕获的全局依赖，如式（4-13）所示。

$$c_i^l = \mathrm{MHAtt}(d_i^{l-1},\ h_{s*}^L)$$

（4-13）

其中，d_i^{l-1} 表示序列中第 i 个位置在解码器第 l 层的输入，作为注意力中的 query；h_{s*}^L 表示编码器捕获的各个句子的上下文表示，作为注意力中的 keys 和 values。带掩码的多头注意力层是为了避免前面的解码步骤依赖于后面的解码步骤的信息，保证在对位置 $y(y=1,2,\cdots,N)$ 的句子进行预测时，注意力只放在它前面已经有序的序列上，该注意力公式在 4.2.2 小节式（4-8）的基础上进行修改，如式（4-14）和（4-15）所示。

$$\mathrm{head}_i^z = \mathrm{softmax}\left(\frac{Q_i^z K_i^{z\,T} + \mathrm{Mask}}{\sqrt{d/H}}\right)V_i^z$$

（4-14）

$$\mathrm{Mask}_{x,y} = \begin{cases} 0, & x \leqslant y \\ -\infty, & \text{其他} \end{cases}$$

（4-15）

用 mask_i^l 表示第 l 个带掩码的多头自注意力层的输出，则有式（4-16）：

$$\mathrm{mask}_i^l = [\mathrm{head}_i^1;\ \mathrm{head}_i^2;\ \cdots;\ \mathrm{head}_i^H]$$

（4-16）

使用一个融合门将两个注意力层的输出进行结合，并通过归一化得到编码器第 l 层在第 i 个位置的输出向量，融合函数与归一化函数均与编码器中的一样，如式（4-17）和式（4-18）所示，最终，经过 L 层解码器后第 i 个位置输出的向量记为 d_i^l。

$$f_i^l = \text{Fusion}(\text{mask}_i^l,\ c_i^l) \tag{4-17}$$

$$\boldsymbol{d}_i^l = \text{LayerNorm}(f_i^l) \tag{4-18}$$

指针层通过预测在第 i 个位置处正确选择输入序列中各个句子的概率来依次决定句子的顺序，实现过程如式(4-19)～式(4-21)所示。

$$Q_i = \text{ReLU}(W_Q \boldsymbol{d}_i^L) \tag{4-19}$$

$$K_i = \text{ReLU}(W_K \boldsymbol{h}_{s_j}^L) \tag{4-20}$$

$$P_{ij} = \text{softmax}\left(\frac{Q_i K_i^T}{\sqrt{d}}\right) \tag{4-21}$$

其中，$i=1,2,\cdots,N$；$j=1,2,\cdots,N$；P_{ij} 表示在第 i 个位置正确选择第 j 个句子的概率。在进行下一个句子的预测时，使用集束搜索来逐步选择句子，与贪心算法中每一步预测时选择概率最大的一个句子不同，集束搜索有一个宽度值，即在每一步预测时选择概率最大的前 k 个句子，以 $k=2$ 为例，搜索过程如图 4-5 所示。

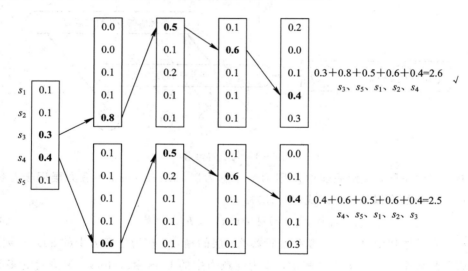

图 4-5　集束搜索过程

得到第一个位置输出的概率分布[0.1，0.1，0.3，0.4，0.1]，从中选择概率最大的两个句子，即 s_3 和 s_4，然后将这两个句子分别作为解码器的输入，再得到两个概率分布，通过计算选择概率和最大的两个序列 0.3＋0.8 和 0.4＋0.6，再将其分别作为解码器的输入，依次类推，得到有序的两个序列，选择概率最大的作为最终的排序结果。

4.3　实验结果与分析

为了验证我们所提出的 HAPM 的有效性，实验中在句子排序任务常用的公开数据集 ROCStory 上将该模型与基准句子排序模型进行比较，然后在第 4 章的基础上，继续在 Multi-News 数据集上完成该模型的训练，并通过对抽取的摘要句的重新排序证明 HAPM 确实能提高生成摘要的语义连贯性。此外，对多头注意力的头数 H 的不同取值进行实验，以分析其对模型的影响。本节首先对实验中使用的数据集和评估指标进行介绍，然后介绍基准模型及参数设置，最后给出实验结果，并对实验结果进行对比分析。

4.3.1　实验数据及评价方法

实验中使用的 ROCStory 数据集是一个在句子排序任务中常用的公开数据集，它是一个常识性的故事集，包含 98 162 条数据，每条数据是一个故事，包含 5 个句子，每个故事的平均长度为 50 个单词。将数据集按照 8∶1∶1 的比例划分为训练集、验证集和测试集，分别包含 78 529、9 816 和 9 817 条数据。使用的 Multi-News 数据集在 4.4.1 小节已经介绍，这里不做过多阐述。

在将 HAPM 与基准句子排序模型进行比较时，使用肯德尔系数 τ、成对指标（Pairwise Metrics，PM）和完美匹配率（Perfect Match Ratio，PMR）作为评估指标。τ 是一个等级相关系数，用于对序列之间的关联进行度量，公式如式（4-22）所示，其中 InvertPairs 指将连续的元素按照其自然顺序排列所必需的交换次数，N 为输入序列中的总的句子个数。PM 计算的是预测出的相对顺序中与真实排序相同的句子对的比例，形式上可表示为 3 个分数：准确率 P、召回率 R 和 F 值，分别如式（4-23）～式（4-25）所示。

$$\tau = 1 - \frac{2(\text{InvertPairs})}{N(N-1)/2} \qquad (4-22)$$

$$P = \frac{\text{CorrectPairs}}{N'(N'-1)/2} \qquad (4-23)$$

$$R = \frac{\text{CorrectPairs}}{N(N-1)/2} \qquad (4-24)$$

$$F = \frac{2PR}{P+R} \qquad (4-25)$$

其中，CorrectPairs 表示预测正确的句子对个数；N' 表示预测序列中的句子个数。由于实验中没有使用噪声句子，输出序列中句子个数 N' 与输入序列中句子个数 N 相等，所以计算出的 P、R、F 也是相等的，因此本书仅使用 PM 来记录 3 个相等的得分。PMR 计算整个序列的精确匹配率，其考虑的是一个样本的预测序列中与真实序列完全匹配的子序列的长度。

在对使用 HAPM 后生成的最终摘要进行语义连贯性评估时，仍然使用 3.4.4 小节中的人工测评方法，将其与第 3 章使用该模型前生成的摘要进行对比。

4.3.2　基准模型

将 HAPM 与 Seq2Seq＋Pairwise、LSTM＋Seq2Seq 等基准句子排序模型进行对比，以验证 HAPM 的有效性，本小节将对这些基准模型进行简要介绍。

Seq2Seq＋Pairwise 是由 Li 等人[1]提出的一种生成式句子排序模型，是预测句子对之间相对顺序的 Seq2Seq 模型，在给定当前句子的情况下预测下一个句子。LSTM＋Seq2Seq 是一种使用指针网络的句子排序模型，该模型使用 LSTM 获取待排序的各个句子的表示，并通过一个句子级的编码器获取上下文表示，使用句子级指针网络依次选择句子得到最终的排序结果。WordAtt＋Ptr 模型也是一种使用指针机制的句子排序模型，该模型在编码部分使用 LSTM 获取句子表示时，添加注意力层以捕获词之间的语义交互。

4.3.3 实验设置

实验中 LSTM 隐藏层状态大小设为 300，向量维度 d 设为 600，使用 4 头注意力机制，句子编码器和解码器的层数均设为 3。在模型训练时，使用 Adam 优化器，Adam 优化器的初始学习率为 0.000 1，动量 β_1 为 0.9，β_2 为 0.98，将权重衰减 ε 设为 10^{-9}，批次大小设为 64。在编码器和解码器的每一层中，对每一个 Multi-head 注意力子层的输出都应用 dropout，其值设为 0.15，当在验证集上的肯德尔系数 τ 连续 3 个迭代伦次都不再提升时停止训练。

4.3.4 结果分析

表 4－1 所示为 HAPM 和基准模型在 ROCStory 数据集上的实验结果。可以看到，在 3 个基准模型中，LSTM＋Seq2Seq 模型和 WordAtt＋Ptr 模型在各个评估指标上的得分均比 Seq2Seq＋Pairwise 模型高，前者较 Seq2Seq＋Pairwise 模型在 τ、PM 和 PMR 等 3 个指标上分别提升了 91.5％、23.2％和 30.7％，后者较 Seq2Seq＋Pairwise 模型在 τ、PM 和 PMR 等 3 个指标上分别提升了 88.9％、22.7％和 25.1％，这表明基于 Seq2Seq 框架的句子排序模型要比基于 pairwise 的排序模型表现好；在同样使用指针网络的情况下，LSTM＋Seq2Seq 模型又比 WordAtt＋Ptr 模型在 τ、PM 和 PMR 上分别提升了 1.4％、0.5％和 4.5％，说明添加句子级编码器捕获全局上下文能够提高句子表示的质量。显然，我们提出的 HAPM 比 3 个基准模型在 ROCStory 数据集上的表现都更好，在 τ、PM 和 PMR 上的得分分别为 0.680、0.840 和 0.295，相较于句子对逻辑顺序预测模型 Seq2Seq＋Pairwise 分别提升了 98.8％、25.3％和 64.8％，相较于 3 个基准模型中表现最好的 LSTM＋Seq2Seq 模型分别提升了 3.8％、1.6％和 26.1％，证明了该模型对于提高句子排序质量的有效性。

表 4－1　ROCStory 数据集测试评估

模　　型	τ	PM	PMR
Seq2Seq＋Pairwise	0.342	0.671	0.179
LSTM＋Seq2Seq	0.655	0.827	0.234
WordAtt＋Ptr	0.646	0.823	0.224
HAPM	0.680	0.840	0.295

为了进一步表明该模型能够有效提高摘要的语义连贯性，在第 4 章抽取的摘要句的基础上应用 HAPM，首先使用 Multi-News 数据集中的人工摘要训练模型，由于人工撰写的摘要逻辑更加严密，适合用于句子排序模型的训练，HAPM 在 Multi-News 数据集上的表现如表 4－2 所示。从评估结果中可以看出，HAPM 在 Multi-News 数据集上的表现差于在

ROCStory 数据集上的表现，在 τ、PM 和 PMR 上分别低了 39.1%，15.8% 和 47.8%，这可能是 Multi-News 数据集的数据多样性以及样本摘要中的句子较长造成的。在 ROCStory 数据集中，每个样本故事中的句子个数是固定的，且每个故事的平均长度为 50 个单词，而在 Multi-News 数据集中，不同样本摘要中句子个数不同，且每个摘要的平均长度为 264 个单词。

表 4 - 2　HAPM 在 Multi-News 数据集上的句子排序测试评估

模　型	τ	PM	PMR
HAPM	0.414	0.707	0.154

然后使用训练好的模型对抽取出的摘要句重新排序以生成新的摘要，并通过人工测评的方法将其与未使用排序模型进行排序的摘要进行比较。由于 HAPM 仅对抽取的摘要句的顺序进行改变，并不改变各个句子本身，因此这里不再对相关性和非冗余性指标进行比较，仅针对语法性指标进行比较，如图 4 - 6 所示。

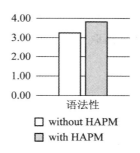

图 4 - 6　使用 HAPM 前后摘要人工评估

评估结果显示，使用本书所提出的 HAPM 句子排序模型对多文档摘要抽取出的摘要句重新排序后形成的摘要在语法指标上得到了 3.8 分，比未使用 HAPM 进行排序的摘要提升了 16.9%，这证明了 HAPM 能有效提高摘要中语句间的前后逻辑连贯性、可读性。

为了评估多头注意力中注意力头的个数 H 的取值对句子排序模型性能的影响，实验中将 HAPM 中的 H 分别设为 1、2、4、8，计算其在 ROCStory 数据集上的肯德尔系数 τ 和完美匹配率 PMR，并进行比较，从而找出使模型排序效果最好的注意力头数。实验结果如表 4 - 3 所示。

表 4 - 3　H 不同取值在 ROCStory 数据集上测试评估

H	τ	PMR
1	0.676	0.281
2	0.678	0.292
4	0.680	0.295
8	0.678	0.285

从实验结果中可以看出，随着 H 取值的改变，句子排序模型在 ROCStory 数据集上的表现也会有所起伏，一开始随着注意力头数的增加，模型在 τ 和 PMR 指标上的得分也会随之提高，但当头数增加到一定程度时，模型在 τ 和 PMR 指标上的得分反而开始下降，这表明注意力头数 H 取值过小或过大均会使模型的性能受到损失。当 $H=4$ 时，HAPM 表现最好，在 τ 和 PMR 指标上的得分分别为 0.680 和 0.295。

本 章 小 结

本章主要针对第 3 章中抽取式多文档摘要方法得到的摘要语义连贯性及可读性较差的问题提出了一个基于层次注意力和指针机制的句子排序模型，对多文档摘要中抽取出的候选摘要句进行重新排序。该模型由一个层次编码器和一个指针解码器构成，通过编码器捕获输入的无序句子集的上下文表示，通过指针解码器从输入序列中依次预测下一个句子。本章首先对句子排序任务进行分析，然后对提出的 HAPM 进行简要介绍，并对层次编码器和指针网络解码器两个部分展开详细介绍，最后通过实验验证该模型的有效性，证明其确实能进一步提升摘要质量，有效解决抽取式多文档摘要的语义连贯性差、可读性不高的问题。

参 考 文 献

[1] LI J，JURAFSKY D. Neural Net Models of Open-domain Discourse Coherence[C]// Proceedings of the 2017 Conference on Empirical Methods in Natural Language Processing. Stroudsburg：ACL，2017.

下　篇

生成式文本自动整编

第5章

生成式文本自动整编技术架构

随着信息化程度不断提高，大规模的文本数据得以脱离传统的纸质载体，转而以电子格式存储在分布式系统中。文本数据的电子化相较于纸质载体有许多优势，这不仅体现在直观的存储方式上的区别，更体现在对海量文本数据的应用模式上。对以纸质媒介存储的文本资源的利用在很大程度上依赖于人力，人为干预的方式方法以及人力对纸质文本资源的利用能力成为对文本资源利用效果的主要限制因素。对信息化文本数据资源的利用方式可以直接遵循传统的人力干预方式，但却极大地浪费了计算机以及信息系统对文本资源的知识挖掘潜力。更进一步地讲，随着文本资源呈指数化的不断增长，采用传统人力干预的方法对这些数据进行管理和发掘利用是不切实际的。

我们所研究的主要问题是解决如何在人力不干预或者少干预的前提下，依托已有的系统内文本数据资源，设计文本表示学习、长文本聚类、基于语句融合的文本摘要生成一系列算法以构建"流水线式"的文本数据自动处理流程，从而实现自动化的文本数据预处理、整理和文本生成等操作，从而满足用户对文本数据的使用需求，并进一步提高文本数据的使用效率。

本章首先提出生成式文本自动整编的整体研究问题与思路，然后将研究内容分解成3个子问题，包括海量文档信息的编码表示学习问题、基于内容相似度的文档聚类问题以及基于多文档的可控文本生成问题，最后，提出了文本自动整编技术架构并对每一部分进行具体阐明。

5.1　生成式某领域内文本自动整编研究思路

基于文本生成技术的文本自动整编可以形式化描述如下：对于系统内的文档集合 $D = \{d_1, d_2, \cdots, d_n\}$，首先通过训练获得每一个文档 $d_i(1 \leqslant i \leqslant n)$ 的高质量分布式表示 z_i；随后根据这些文档的内容和主题等信息将其划分成 k 个簇 $C_1, C_2, \cdots, C_k$，其中每个簇 C_j

$(1 \leqslant j \leqslant k)$ 中分别包含数量为 c_j 的原始文档，即 $C_j = \{d_{1j}, d_{2j}, \cdots, d_{c_j j}\}$，在这个过程中，簇的个数 k 是可以自由改变的超参数；最后，对于每个簇 C_j，采用文本生成技术为其分别生成一篇文档 g_j。

根据上文的分析，整个过程可以被细分为 3 个子问题：① 海量文档信息的编码表示学习；② 基于内容相似度的文档聚类；③ 基于多文档的可控文本生成。

问题①是整个流程的基础，文档表示学习的效率和质量直接决定了后续流程在此基础之上的各项任务的表现。对文本信息的表示学习，历经了原始特征（Raw Feature）表示、传统机器学习时代各种依托于统计学和人工特征工程的特征提取方法以及深度学习时代层出不穷的各种表示学习方法，已经取得很大的发展。对于这个问题，本书主要关注如何使生成的分布式表示既具有较好的语义空间特性，又具备较高的使用效率，即达成效率和质量的平衡。

问题②是对文档集进行整编的关键步骤，是一个粒度可调节的文本聚类问题。业界对于大量文档集进行聚类的策略主要还是依托于成熟的统计分析方法，如 TF-IDF 等，这类方法直接根据文本输入获得相应的特征而不需要进行额外的训练，在文档集规模巨大的场景下比较适合。学术界对于文本聚类的最新研究主要集中于短文本聚类，基于统计的文本特征方法应用于短文本上将导致严重的特征稀疏问题，从而使最终的聚类效果很差，因而这些研究大多使用的是基于深度神经网络的方法。本书所研究处理的文档集规模相较于一般公开数据集要大很多，但与业界内比较庞大的文档库相比还是相形见绌。经理论和实验分析，对于系统内的文档规模，本书采用基于深度学习的方法进行特定任务的训练，以期提升聚类步骤的性能表现。

问题③是将前期对文本进行多项处理后的内容进行输出，涉及对前期工作的汇总总结。该问题可看作是一个文本自动摘要的问题，即对输入的文档进行精简提炼，并生成概括性文本的过程。使用算法实现计算机的文本输出一直以来都是文本挖掘领域中的困难问题，实现文本生成的方法主要分为抽取式和生成式，业界在解决某些比较单一场景的文本生成问题时还会在此基础上借助模板作为辅助。问题③所需解决的问题是针对问题②输出的每一个簇，生成一个总结性的文档，该文档能够在保留簇内全部文本中主要信息的前提下尽可能地简短、精炼。为解决该问题，本书综合考虑了两种主流文本生成方法的优劣，采用生成式的方法作为解决框架，并根据当前文本自动摘要生成的最新进展，对文本生成过程中的语句融合问题进行了具体探究并提出了解决方案，从而在概括性的基础之上提高生成文本的流畅度。

基于上述分析，我们提出图 5-1 所示的研究思路。本书的比较实验所使用的数据为若干开源数据集，实证实验所使用的数据集为某领域文本标注软件及服务项目中经过人工外包标注后的数据。该数据来源于专题网站语料、百科语料及微博语料等网站，经过收集加工形成某领域内文档原始语料集，随后采用人工标注的方式在该原始语料集上进行了文本实体标注、关系标注、事件标注、阅读理解问答标注等标注任务。

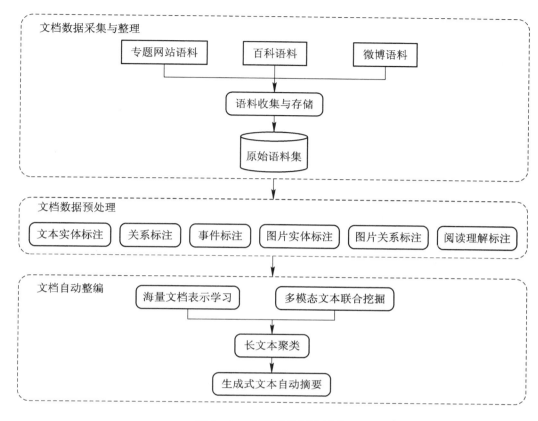

图 5 - 1　下篇总体研究思路

5.2　生成式某领域内文本自动整编技术架构

基于图 5 - 1 所示的研究思路,我们构建了图 5 - 2 所示的生成式文本自动整编技术架构,详细描述如下。

(1)文档表示学习。对于 NLP 领域的任何任务,在使用深度神经网络对其进行解决时首先需要将原始的输入转换成计算机可处理的形式,对应于文本输入,当前较常用、效果较好的方法是通过表示学习获得输入的分布式表示,并以此作为深度神经网络模型的输入进行后续的训练。在本书中,为平衡表示学习的质量和效率,提出了基于预训练语言模型和深度哈希的文本分布式表示的解决方案。

(2)长文本聚类。对系统中的文档进行整编,首先需要根据主题、内容等方面对全部文档进行聚类。在权衡系统内文档规模所决定的计算开销和可以获取的性能指标后,我们采用深度哈希的方法解决该问题。具体地讲,在采用预训练语言模型进行模型参数初始化后,我们设计了两阶段的训练任务。

(3)生成式文本自动摘要。在前面对系统内文档进行若干操作后,最终需要输出高质量的摘要文本以完成整编的目的。

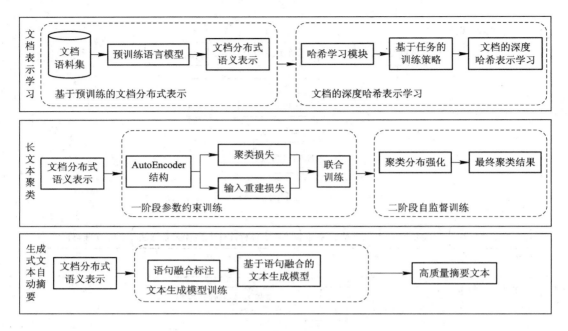

图 5-2　生成式文本自动整编技术架构

5.3　主要研究内容

依据课题的研究背景，结合相关技术的研究现状及存在问题，本书的主要研究内容涵盖海量文档信息的编码表示学习、基于内容相似度的文档聚类以及基于多文档的可控文本生成 3 个方面。

5.3.1　海量文档信息的编码表示学习

由于计算机不能直接对文档内的文本数据进行处理，因此首先需要进行文本表示学习。使用深度学习技术对文本、图像信息进行处理，通常需要将其编码成较高维度的实向量，而系统内的数据资源规模庞大，使用深度哈希技术能够较大程度压缩每个文档的编码空间。

深度哈希技术起源于图像检索，近年来，在信息检索领域逐渐涌现出以神经网络为基础的模型，这些方法取得了不错的效果，相较于传统方法有不小优势，为文本检索领域的发展开辟了新的思路。受图像检索领域启发，对于这个问题，初步打算使用深度学习的方法对文档信息和查询语句进行统一编码，然后便将检索问题转化为相似度匹配的问题。这种方法因为借助了待检索对象的深层次语义信息，因此在准确率方面一般会取得比较高的性能得分，但是在数据规模量较大的情况会出现 3 个问题：① 由于数据规模量较大，则相应地需要更大的算力资源以及更长的训练时间；② 使用深度神经网络将每篇文档编码成高维度的实向量，这将在文档数据规模较大的情况下占用极大的存储空间；③ 使用编码后的实向量在实际应用中的相似度匹配阶段虽然会取得不错的性能，但耗费时间较长。

对于第一个问题，只需相应提高算力资源即可显著缓解，暂不讨论。而哈希码则可以较好地解决后两个问题，例如，局部敏感哈希（Locality Sensitive Hashing，LSH）便是用于解决大规模数据近似最近邻搜索的一种高效算法，之后又出现了改进版本欧式距离局部敏感哈希（Exact Euclidean Locality Sensitive Hashing，E^2LSH）。

5.3.2　基于内容相似度的文档聚类

现假设有一个系统中含有大量的非结构化文档，这些文档虽包含十分丰富的信息，但存在大量内容重复、信息冗余的问题，且一些关键信息往往分散在多篇文档中，不能直接从单一文档中得出完整的信息。为解决上述问题，需要根据文档内容，对相似度高的文档进行整合，形式化描述如下。

系统中文档集 D 包含 m 篇文档：$D = \{d_1, d_2, d_3, \cdots, d_m\}$，现根据文档内容，将相似度高的文档分别聚类得到 $k(k \ll m)$ 个文档子集：$C_1, C_2, C_3, \cdots, C_k$。每个文档子集包含的文档数目不尽相同，但数目和应等于文档总数 m：$\sum_{i=1}^{k} |C_i| = m$。

将文档转换为向量表示的方法大致有如下 5 种：① 向量空间模型（Vector Space Model，VSM），即词袋模型（Bag of Words，BOW），使用 TF-IDF 方法来衡量每个单词的重要性；② 局部敏感哈希，该方法主要用于文本去重和检索，此部分不具体展开；③ 主题模型，即以潜在语义建模（Latent Semantic Analysis，LSA）和隐含狄利克雷分布（Latent Dirichlet Allocation，LDA）为代表的方法；④ Word2vec 和 Doc2vec 方法；⑤ 以 ELMo、GPT、BERT 为代表的深度预训练语言模型。

一般来说，较长的文本使用 VSM 加深度模型的方法效果较好，较短文本使用 BERT 等预训练语言模型效果较好。对于本问题，初步计划使用 VSM 的传统方法结合当前比较主流的预训练语言模型技术对文档级别的对象做向量化，然后在高维的实空间对文档进行聚类操作。

5.3.3　基于多文档的可控文本生成

当前基于深度的方法所产生的文本已经达到较高的流畅性和逼真度，但是生成文本的具体内容依旧会存在事实性错误、矛盾、重复等问题。具体表现在以下两个方面：① 难以进行特定领域、特定词汇的文本生成，以 GPT-3 为代表的模型能够生成通用的文本，但在特定领域内或特定的应用场景下，生成一段文本需要大量的特定领域内和场景内的词汇，这对于通用的文本生成模型来说是一个难题；② 内容的不可控性，主要是由于深度学习存在不可解释性，因此无法保证模型能够生成什么样的文本，动辄参数量过亿的神经网络模型对人们来说仍然是一个黑盒。

对于第一个问题，现有的预训练语言模型都是在通用语料上进行训练的，且能够在通用任务指标上取得较好的性能指标。然而，通用的预训练语言模型应用到特定领域内具体任务的情况则需要一个迁移的过程，解决方法有两种：① 使用特定领域内的语料数据对通用预训练语言模型进行重新训练；② 根据特定领域内具体任务形式设计新的训练任务对通用预训练语言模型进行参数微调。

在生成文本的可控性方面，最近几年，可控文本生成（Controlled Text Generation）的研究逐渐增多，并已在情感控制、主题控制、写作风格控制方面取得了一定突破。如何保证生成文本的内容可控、尽量没有事实性错误，目前大致有 3 种可行的解决思路。第一种是通过多任务学习的方式，将 NLU 的任务和文本生成任务一起训练，使模型的输出文本兼具较高的准确度和流畅度。第二种是引入图结构，图神经网络参与文本生成任务，使生成的文本更具逻辑性和可解释性。第三种是从带有"知识"的分布采样中生成文本，即通过引入知识图谱等形式的外部知识参与文本生成的过程。

本 章 小 结

本章首先提出了本书下篇部分的研究思路：基于"文本表示学习＋基于相似度的文本聚类＋基于多文档的可控文本生成"的三步骤文本自动整编方法，并在此基础上对其技术架构进行了介绍。之后，针对技术架构中所涉及的一些重要的相关技术，即语言模型和深度神经网络，本章进行了较详细的总结阐述。

第 6 章

基于预训练和深度哈希的文本表示学习

根据第 5 章提出的研究思路,对文本进行整编的第一个步骤就是要对大规模的文本数据进行高质量的表示学习。

6.1　问 题 提 出

采用机器学习的方法对文本数据进行处理首先需要将文本转换为计算机可处理的表示形式,如向量(Vector)或张量(Tensor),一个好的表示形式需要尽可能地将原始数据中的语义特征保存在该表示所构成的高维向量空间中。为不断提高机器学习系统的准确率,需要一种算法能够自动地从输入样本中学习出有效的特征,这种学习方式被称作表示学习(Representation Learning)。

表示学习可类比于传统机器学习中的特征提取、特征选择步骤,对文本数据的表示学习可追溯到以独热编码(One-hot Code)为代表的词袋模型,这种表示方法被称作局部表示(Local Representation),对语义特征的保留较低,即使再引入词频–逆文本频率(Term Frequency-Inverse Document Frequency,TF-IDF)等权重因子后仍然只能保留有限的语义特征。2003 年 Bengio 等人的研究[1]中采用了全连接网络训练一个语言模型,这是将深度学习应用于文本数据的首次尝试,在十几年的发展中,基于深度学习的文本处理方法不断发展,并在 NLP 领域中的各项子任务中都取得了较好效果。在文本数据的表示学习方面,基于深度学习的表示方法经历了从单词的分布式表示(Distributed Representation)到基于大规模预训练模型的单词上下文表示(Contextual Representation),使模型的表示学习能力取得了显著提升,并推动在此基础上的各种算法在一系列下游任务中不断取得性能突破。然而,随着最新发布的预训练模型的参数数量呈指数增长,基于大规模预训练深度模型的训练和使用成本变得越来越难以承受,因此本章致力于设计一个模型以获得更高效率的文本数据表示方法,从而为接下来的文本整编工作打下基础。

在 NLP 领域中,文本的表示学习是非常重要一个步骤,为了提高机器学习系统在下游任务的准确率，首先需要将输入样本转换为有效的特征，或更一般性地称为表示（Representation）。围绕表示学习的是两个核心问题：一是"什么是一个好的表示"；二是"如何学习到好的表示"。

在传统机器学习时代，文本的表示学习更多地被看作是一种特征获取的步骤，即通过设计特定的特征工程手段获得每个输入文本样本的表示，然后再将该表示作为后续解决特定下游任务模型的输入特征。这种文本表示学习与模型在特定任务上训练被割裂成两部分的状况一直延续到深度学习的词向量时代。无论是词向量 Word2vec[2]、GloVe[3] 还是语句向量或是文档向量等类似的方法[4]，都是先根据特定任务专门训练出特定文本粒度单元的分布式表示，再将其应用于具体任务的优化过程，由于这些表示并不会在训练中得到更新，因此也被称作静态表示（Static Representation）。这类方法通过设计准则或训练任务从输入样本中选取有效的特征，而特征的学习和最终预测模型的学习是分开进行的，因此即使学习到的特征质量很高也不一定可以提升最终模型的性能。

为促进整体的文本整编流程能够取得较好效果，本章首先对文本表示学习进行了探究，提出一种平衡表示性能和效率的文本表示学习方法（Text Representation Learning based on Pre-trained Language Model and Deep Hash，TRL-PLM&DH），并从 NLP 领域的 3 个子任务（短文本检索、文本语义相似度匹配和文本释义）分别探索该方法的文本表示学习性能。初步实验也验证了深度哈希方法在文本深度表示中的可行性和有效性。

6.2　文本表示学习方法 TRL-PLM&DH 概述

基于深度哈希的文本表示学习的基本结构如图 6-1 所示，其核心思想是使用预训练语言模型作为模型的主干，并利用其参数来初始化所提出的模型。然后，根据特定下游任务的特点，在模型末尾添加与任务高度相关的哈希学习层和结果输出层，从而构建完整的深度哈希模型。在对特定下游任务进行微调的过程中，根据模型输出和真实数据标签计算的优化目标可以同时学习和优化模型参数、哈希函数和每个输入的深度哈希表示。

基于预训练模型的下游任务应用分为基于特征（Feature-based）和微调（Fine-tune）两种方法。基于特征是指使用语言模型的中间结果作为特征提取，直接引入特定的下游任务作为输入；基于微调的方法是根据特定的下游任务修改模型的输出层，添加少量与任务相关的参数，然后在新的下游任务中重新训练整个模型的方法。在实验中，对两种方法都进行了尝试和验证，使用最后一个时刻"[CLS]"标签输出的向量表示作为输入文本的向量表示（我们还使用每个维度上输出层的最大值池化和平均值池化的方法来获得相应的表示），然后，通过设置阈值，实数字段的向量表示被转换为哈希码。

下游任务有多种形式的特定输入，在短文本检索、文本语义相似度匹配和文本释义任务中，输入可以分为单个文本和文本对。对于两种不同的输入，分别采用单网络和双网络的模型结构。以单一输入为例，假设输入文本样本为 $S=(s_{(1)}, s_{(2)}, \cdots, s_{(|S|)})$，首先通过输入端的词向量映射矩阵和位置向量映射矩阵将其转化成初始分布式表示 $\boldsymbol{X}=$

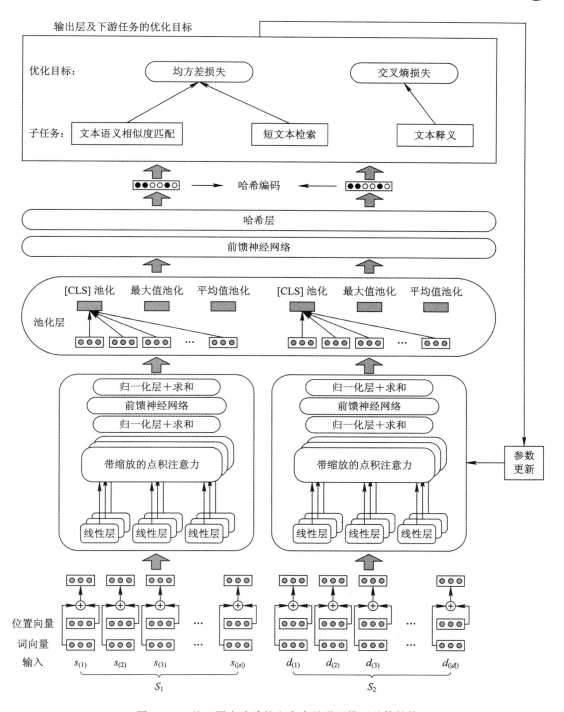

图 6-1　基于深度哈希的文本表示学习模型总体结构

$(\boldsymbol{x}_{(1)}, \boldsymbol{x}_{(2)}, \cdots, \boldsymbol{x}_{(len)})$，len 是模型的超参数，设置输入样本的序列长度，若输入长度超过或小于 len，则通过截断或填充的方式将其长度限定在 len。其中每个 $\boldsymbol{x}_i (1 \leqslant i \leqslant len)$ 计算如下。

$$x_i = e_{\text{word\_emb}}(s_{(i)}) + e_{\text{position\_emb}}(s_{(i)}) \qquad (6-1)$$

随后，输入样本初始化后的分布式表示将输入堆叠的 Transformer 结构中。Transformer Encoder 的第一部分为多头自注意力层，假设模型隐藏层维度为 d_{mdl}，注意力头的个数为 n_{head}。对每一个注意力头 head_i 的计算，需要对应的一组线性变换矩阵 $\boldsymbol{W}_i^Q \in \mathbf{R}^{d_{\text{mdl}} \times d_k}$，$\boldsymbol{W}_i^K \in \mathbf{R}^{d_{\text{mdl}} \times d_k}$ 以及 $\boldsymbol{W}_i^V \in \mathbf{R}^{d_{\text{mdl}} \times d_v}$，其中 $d_k = d_v = d_{\text{mdl}}/n_{\text{head}}$。对于每个输入样本 $\boldsymbol{X} \in \mathbf{R}^{\text{len} \times d_{\text{mdl}}}$，根据线性变换矩阵可得 $\boldsymbol{Q}_i = \boldsymbol{X} \times \boldsymbol{W}_i^Q$，$\boldsymbol{K}_i = \boldsymbol{X} \times \boldsymbol{W}_i^K$ 以及 $\boldsymbol{V}_i = \boldsymbol{X} \times \boldsymbol{W}_i^V$。然后可得 head_i 计算如下。

$$\text{head}_i = \text{softmax}\left(\frac{\boldsymbol{Q}_i \boldsymbol{K}_i^{\mathrm{T}}}{\sqrt{d_k}}\right)\boldsymbol{V}_i \qquad (6-2)$$

最终多头自注意力层的输出将是所有注意力头的拼接再经过一个线性转换层的结果：

$$\boldsymbol{M}_{\text{attention}} = \text{Concat}(\text{head}_1, \text{head}_2, \cdots, \text{head}_{n_{\text{head}}})\boldsymbol{W}^O \qquad (6-3)$$

其中，$\boldsymbol{W}^O \in \mathbf{R}^{n_{\text{head}} d_v \times d_{\text{mdl}}}$ 是多头自注意力层输出时的线性变换矩阵。

现假设输入样本 $S = (s_{(1)}, s_{(2)}, \cdots, s_{(|S|)})$ 最后一个 Transformer Encoder 层的输出为 $\boldsymbol{Z} = (\boldsymbol{z}_{(1)}, \boldsymbol{z}_{(2)}, \cdots, \boldsymbol{z}_{(\text{len})})$。为生成整个输入文本的表示，我们采用了 3 种池化策略，即 [CLS]池化、最大值池化和平均值池化。其中[CLS]池化的策略为直接选取输入端所添加的[CLS]所对应输出的向量 $\boldsymbol{z}_{([\text{CLS}])}$ 作为文本的初步表示：

$$\text{CLS\_Pooling}(\boldsymbol{z}_{(1)}, \boldsymbol{z}_{(2)}, \cdots, \boldsymbol{z}_{(\text{len})}) = \boldsymbol{z}_{([\text{CLS}])} \qquad (6-4)$$

最大值池化即对输出的文本表示矩阵 $\boldsymbol{Z} \in \mathbf{R}^{\text{len} \times d_{\text{mdl}}}$ 按列依次选取最大值，即对输出的表示空间的每一维都在输出值中选取最大值：

$$\text{Max\_Pooling}(\boldsymbol{z}_{(1)}, \boldsymbol{z}_{(2)}, \cdots, \boldsymbol{z}_{(\text{len})}) = \boldsymbol{z}_{\text{max}} \qquad (6-5)$$

其中，$\boldsymbol{z}_{\text{max}} \in \mathbf{R}^{d_{\text{mdl}}}$ 的每一维都满足 $\boldsymbol{z}_{\text{max}, i} = \max(\boldsymbol{z}_{(1), i}, \boldsymbol{z}_{(2), i}, \cdots, \boldsymbol{z}_{(\text{len}), i})$。

同理，平均值池化即对输出的文本表示矩阵 $\boldsymbol{Z} \in \mathbf{R}^{\text{len} \times d_{\text{mdl}}}$ 按列依次选取平均值：

$$\text{Mean\_Pooling}(\boldsymbol{z}_{(1)}, \boldsymbol{z}_{(2)}, \cdots, \boldsymbol{z}_{(\text{len})}) = \boldsymbol{z}_{\text{mean}} \qquad (6-6)$$

至此，我们可以获得每个输入的文本样本 S 在经过预训练语言模型后的初步表示 $\boldsymbol{z}$。在哈希层，$\boldsymbol{z}$ 将在下游任务特定训练目标的优化过程中实现从实向量空间到汉明空间的映射，具体细节将在下一节中对各个任务进行分别实现时阐明。

6.3　文本表示学习方法 TRL-PLM&DH 应用实证

6.3.1　短文本检索

文本检索，亦称为自然语言检索，主要研究如何从无结构的文档集中找到与查询语句相关的文档子集，并根据相关度排序将检索结果返回给用户。出于应用实际，文本检索不仅需要满足准确率（Accuracy）、查全率（Recall）和查准率（Precision）等衡量检索结果准确性的评价指标，同时也要兼顾检索效率，尽量减少检索过程所花费的时间。

　　绝大多数传统文本检索方法的原理是统计查询项与文档词项之间的重复程度，查询与文档文本之间的精确词项匹配是许多检索系统的基础[5]。不同的权重和正则化机制的使用催生了一系列无监督方法，如 TF-IDF 和 BM25[6] 等。在有监督的方法被引入后，LTR（Learning to Rank）方法逐渐成为主流，融入语义的文本检索方法不断出现，超越了传统的基于词项频率统计的方法[7]。随着神经网络模型和深度学习的兴起，面向文本检索的深度神经网络模型开始出现[8-10]。有监督方法的引入、复杂的文本语义提取模式以及深度学习基于数据驱动的特点导致深度神经网络检索模型在训练和使用中需要耗费更多的时间成本，造成检索效率不高的问题。

　　在本任务中采用 MRPC[11] 数据集和 GLUE 中的 STS-B[12] 数据集作为实验的英文数据源。这两个数据集属于自然语言理解领域，属于文本相似性任务，不能直接用于本实验。因此，我们需要对数据集进行预处理以适应这个实验。MRPC 数据集本身是一个句子级的相似性匹配问题，其中输入是一个句子对，输出是一个标签，用来标记两个输入句子是否相似。对该数据集进行修改的方法如下：在训练集和验证集中，分别集成判断为"1"（相似）的句子对和判断为"0"（不相似）的句子对。类似地，在 STS-B 数据集中被判断为"5"（相似）和"0"（不相似）的句子对可以分别被集成。经过上述预处理，共获得 5 173 条数据。在实验中，我们按照 8∶1∶1 的比例将数据集分为训练集、验证集和测试集。在实验中，深度哈希模型采用了图 6-1 中设计的架构，模型在短文本检索任务中的结构如图 6-2 所示。

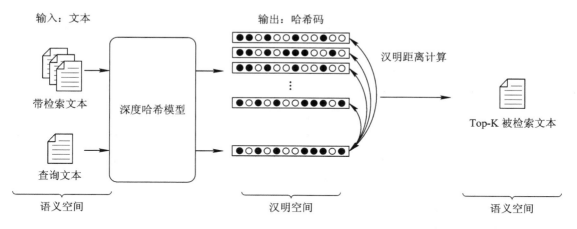

图 6-2　基于深度哈希表示的短文本检索流程

　　除在英文数据集上进行实验外，本部分还使用 CLUE 中文数据集中的 AFQMC[13] 数据集进行了补充实验。从格式上来看，AFQMC 的数据形式与 MRPC 数据集类似，因此我们采用与 MRPC 相同的预处理方式进行处理，并按照该数据集原本的划分将其分为训练集（包含 34 334 个样本）、验证集（包含 4 316 个样本）和测试集（包含 3 861 个样本）。

　　在训练过程中，采用成对输入相似度比较的方式进行间接训练，假设一个训练样本包含的两个文本输入分别为 S_1 和 S_2，经过预训练语言模型层所获得的初步表示为 z_1 和 z_2，标签为 label$\in\{0,1\}$，则优化目标可表示如下。

$$L = \frac{1}{2}(z_1 - z_2)^2 \times (-1)^{\text{label}+1} \qquad (6-7)$$

哈希层的作用是将表示从实向量空间映射到汉明空间,在本书中我们采用设置阈值的方式进行二值化。假设哈希层的输入为 $z = (z_1, z_2, \cdots, z_{d_{\text{mdl}}})$,则输出为哈希码 $h = (h_1, h_2, \cdots, h_{d_{\text{mdl}}})$,其中每一维的计算方式如下。

$$h_i(1 \leqslant i \leqslant d_{\text{mdl}}) = \begin{cases} 1, & h_i > \dfrac{1}{d_{\text{mdl}}}\sum\limits_{j=1}^{d_{\text{mdl}}} h_j \\[3mm] 0, & h_i < \dfrac{1}{d_{\text{mdl}}}\sum\limits_{j=1}^{d_{\text{mdl}}} h_j \end{cases} \qquad (6-8)$$

当优化目标达到预期值,就可以直接使用模型输出的哈希表示直接进行短文本检索任务。具体来讲,对于包含全部文本的待检索文本集 $D = \{d_1, d_2, \cdots, d_{|D|}\}$,采用基于深度哈希的模型进行表示学习可获得其哈希表示 $H \in \{1, 0\}^{|D| \times d_{\text{mdl}}}$。假设查询文本 q 的哈希表示为 $h \in \{1, 0\}^{d_{\text{mdl}}}$,则通过比较 h 与 H 每一行向量之间的汉明距离即可得出模型的预测结果。

6.3.2 文本语义相似度匹配

在文本语义相似度匹配任务中,我们使用 GLUE 中的 STS-B 数据集,该数据集是从新闻标题、视频标题、图像标题和自然语言推理数据中提取的句子对的集合。每个句子对都由人工标注,其相似度得分为 0~5。任务的目标是预测输入句子对的相似度得分。样本数量如下:训练集 5 749、验证集 1 379、测试集 1 377。

如上文所述,文本语义相似度匹配任务的输入是语句对,利用均方误差损失(Mean Square Error Loss,MSELoss)目标函数优化模型参数,从而可以同时学习显式的模型参数和隐式的哈希函数,并进而根据隐式的哈希函数间接地获得每个输入样本的哈希表示。第一个映射函数类似于所有传统的深度神经网络模型,能够将输入文本从语义空间映射到高维实向量空间,具有很强的相似性保持能力;第二个映射函数是该模型所特有的,它可以将输入从高维实向量空间映射到汉明空间。因此,我们可以获得一个自学习哈希函数和对应于每个输入的唯一哈希码表示。使用此哈希码,我们可以更有效地完成文本语义相似度匹配任务。

在文本语义相似度匹配任务中,训练中的优化目标采用类似于 6.2.1 节中的均方差损失,哈希层的机制参照式(6-8)的规则计算。

6.3.3 文本释义

在文本释义任务中,本实验使用了 GLUE 的 MRPC 数据集。根据惯例,样本数量如下:训练集 3 668、验证集 408、测试集 1 725。发布该数据集的目的是鼓励在与释义和句子同义词及推理相关的领域进行研究,并帮助建立一个关于正确构建训练和评估用释义语料库的论述。

同样地,除英文数据集外,本部分也采用了中文数据集 AFQMC 进行补充实验,AFQMC 是与 MRPC 相同的数据集,数据格式完全一样,只不过数据集全部采用中文语料。

尽管文本语义相似度匹配任务和文本释义都涉及文本语义相似性,但文本释义的输出是一个二元结果,即"是"(用 1 表示)或"非"(用 0 表示)。因此,在任务的微调中,我们不使用均方差损失函数,而是使用二进制交叉熵的目标函数来优化模型参数,隐式地研究了哈希函数和相应的输入哈希码。类似地,与短文本检索和文本语义相似度匹配一样,模型输出的哈希码之间的汉明距离也用于测试集中,以获得模型的最终判断输出。

6.4　实验结果与分析

6.4.1　实验环境

本实验采用表 6‐1 所示的实验环境。

表 6‐1　实　验　环　境

项　　目	说　　明
操作系统	Ubuntu18.04
CPU	Intel Xeon(R) Silver 4214R CPU @ 2.40GHz × 48
GPU	Tesla V100-PCIE-32GB
Python	3.6.10
Pytorch	1.2.0
RAM	64 GB

实验中采用 Huggingface 的 Transformers 项目[14]所提供的开源预训练语言模型调用框架,所使用的模型已在大规模文本语料上进行过大规模训练,有着较强的语义先验知识。以实验中所采用的模型之一 RoBERTa-base 为例,该模型使用 16 GB 的英文语料进行了 10 万次的迭代训练,实验中所采用的其他预训练模型也采用了类似级别的数据量和训练量进行预训练。

在本章的实验中,除在若干公开数据集上进行实验外,我们还在某领域文本标注项目及服务中选取了部分数据进行了实验,从互联网专题网站语料、百科语料、微博语料等来源中搜集总数目超过 200 万条数据的语料集。除文本数据外,语料集中还包含超过 15 万张的图片数据。在构建完语料集后,该项目在该语料集上针对多个任务通过外包的形式进行了人工标注,其中包含标注实体类型 26 种,标注实体超过 65 000 个;标注关系 11 种,标注关系超过 20 000 个;标注事件类型 13 种,标注事件超过 10 000 个;标注图片中实体超过 10 000 个；标注图片关系超过 20 000 个；标注阅读理解文本超过 10 000 篇，标注问题答案对超过 50 000 个。在本章以及第 3、4 章中，除在相应任务上学界公认的开源数据集上进行实验外，还根据具体任务特点从某领域文本标注项目及服务中选取了部分数据进行补充验证。

6.4.2　参数设置

实验中，对采用预训练语言模型方法的基准模型的参数做如下规定：批次大小设置为 32，学习率设置为 10^{-4}，迭代轮数设为 3，在学习中采用学习率逐渐递减的策略，每个迭代轮数的学习率设为上一个迭代轮数的十分之一，优化器采用动量设为 0.9 的 Adam，dropout 设为 0.1。与预训练模型结构无关，最终每个输入所得到的哈希码均为 768 位。通过模型生成的哈希码在测试集上的准确率可以评估训练模型的性能。

为进行比较实验，我们采用预训练词向量 Word2vec[2] 和 GloVe[3] 以及一个随机初始化的双向 LSTM[15] 作为基准模型，为方便比较，LSTM 的隐藏层输出同样设为 768 维。其中 Word2vec 和 GloVe 作为预训练方法，因此采用与预训练语言模型方法相同的微调迭代轮数，而采用 LSTM 则不限制具体的迭代轮数，采用近似收敛后的实验结果。除此之外，我们选取当前文本检索比较新的研究成果 BERT［CLS］[16] 和 TKL[17] 进行比较实验，所有方法均取 10 次实验的平均值作为该方法的最终结果。

6.4.3　结果分析

1. 基准模型结果比较

实验表明，采用微调方式的方法所取得的准确度比采用基于特征的方法有较大提升，同时，我们采用了多个预训练模型，用来对比它们之间的性能差异。结果中的 Top-5 和 Top-10 表示采用得分最高的 5 个或 10 个作为检索返回结果。经过实验，在测试集上得到模型的基准性能如表 6-2 所示，其中 Imporvement 表示在同样的模型结构下，基于微调的方法相较于基于特征提取方法所能够获得的性能提升倍数。

表 6-2　基于特征与微调两种方法比较

模　型	基 于 特 征		微　调			
	Top-5	Top-10	Top-5	Imporvement	Top-10	Imporvement
BERT-base-uncased	34.53	36.75	83.35	2.41x	86.57	2.36x
BERT-base-cased	35.69	37.14	79.25	2.41x	83.45	2.25x
RoBERTa-base	29.07	30.55	71.67	2.47x	72.97	2.39x
XLNet	31.48	33.63	76.32	2.42x	82.35	2.45x

由实验结果可以看出，模型采用微调的方法所取得的性能要远好于采用基于特征的方法，在实验中所采用的多种预训练语言模型中，微调的方法比基于特征的方法在 Top-5 和

Top-10 准确率上都能有 2.4 倍左右的提升，实验结果与预期相符。此外，BERT-base-uncased 模型的效果要优于 BERT-base-cased，这与预期不符，因为 BERT-base-cased 模型的表示能力要强于 BERT-base-uncased，初步分析认为是数据集内的单一文本长度过短，使得在相同训练条件下 BERT-base-cased 模型出现了一定程度的过拟合。

之后，我们以 BERT-base-uncased 模型作为本章方法的基准模型，与其他方法（如 Word2vec 等）进行比较，实验结果如表 6-3 所示。

表 6-3　本章方法与其他基准模型在测试集上的结果

模　　型	准确率/%		运行时间/s	提速倍数
	Top-5	Top-10		
TF-IDF	51.24	53.73	43.40	1.53x
BM25	53.76	59.55	38.65	1.72x
Word2vec＋FFN	57.35	58.43	18.38	3.61x
GloVe＋FFN	61.73	64.48	16.53	4.01x
BiLSTM＋FFN	68.49	71.32	43.54	1.52x
BERT[CLS]	82.65	84.23	51.72	1.28x
TKL	85.42	84.91	5.92	11.20x
本章方法	80.34	82.43	1.63	40.68x
-pretrained	74.52	76.45	69.42	/
-fine-tune	34.53	36.75	65.43	/
-hash layer	83.35	86.57	66.31	1

实验结果表明我们所提出的方法在准确率方面已经接近当前研究的最佳水平，虽然还存在较小差距。在检索效率方面，本章所提出的方法相较于全部基准模型都有着较大优势，这是以牺牲部分性能损失所获得的效率提升。若将模型中最后的哈希学习层省去，则不存在实向量到哈希码的信息损失，准确率能够得到一定改善，能够与最新的方法相当，但是效率会下降很多。基准模型比较实验表明，本章的方法在与传统以及最新研究的模型比较中，准确率能够达到当前第一梯队水平但与最好结果存在较小差距，检索效率则优于全部参与比较的基准模型。

若从模型训练角度来看，本章提出的方法在算法复杂度方面不占优势，假设输入文本长度为 l，批次大小为 b，模型中注意力头的个数为 n_h，则模型在训练阶段的空间复杂度为 $O(\max(bn_h ln_{\dim}, bn_h l^2))$，时间复杂度为 $O(\max(bn_h ln_{\dim}, bn_h l^2))$，复杂度与当前主流的基于预训练语言模型方法（如 BERT[CLS]）相当。我们的模型在效率方面的优越性主要体现在使用训练好的模型进行预测，时间复杂度为 $O(\max(|D|n_h ln_{\dim}, |D|n_h l^2))$，而主流方法如（BERT[CLS]）的时间复杂度则为 $O(\max((|D|n_h ln_{\dim})^2, (|D|n_h l^2)^2))$，尤其在文档长度较短的场景中我们的方法有很大优势，实验结果也证明了这一点。

模型在 3 个子任务的测试集上的表现如表 6-4 所示。

表 6-4　基于深度哈希的文本表示学习在 3 个子任务上的实验结果

模　型		短文本检索				文本语义相似度匹配		文本释义			
		英文数据集		中文数据集				英文数据集		中文数据集	
		Top-5 准确率/%	时间/s	Top-5 准确率/%	时间/s	得分	时间/s	准确率/%	时间/s	准确率/%	时间/s
基于特征	BERT-base	35.7	/	31.4	/	56.3	/	61.3	/	59.4	/
	RoBERTa-base	36.1	/	33.5	/	59.7	/	64.5	/	61.3	/
	XLNet-base	34.5	/	31.7	/	58.4	/	62.7	/	59.9	/
微调	BERT	83.4	66.3	81.2	310.2	85.5	9.5	87.3	13.5	86.4	64,4
	RoBERTa	85.9	74.2	83.8	364.7	89.2	11.4	89.4	14.1	88.2	71.2
	Deep Hashing（BERT）	80.3	1.6	79.6	3.1	81.7	1.3	85.8	1.2	84.6	2.1
	Deep Hashing（RoBERTa）	81.4	1.7	79.2	3.3	84.5	1.4	87.1	1.2	86.9	2.3

2. 消融研究

本章所提出的方法在准确率和效率的优越性上主要依赖于 3 个部分：采用经过充分预训练的语言模型、基于特定目标的微调步骤以及哈希学习层的引入。为探究模型不同部分的作用，在基准对比实验后进行了消融实验，结果如表 6-3 的后 4 行所示。

由实验结果可以发现，当模型不采用经过预训练的语言模型，而对模型参数进行随机初始化，则在相同的微调训练过程后，会造成一定的性能损失。另外，若只去掉微调步骤，则模型退化为基于特征模式，前文已经说明该操作会对准确率有较大影响，实验结果也证明了这一点。

模型所生成的高维实向量表示相较于哈希码包含更多的语义信息，直接使用高维实向量作为检索依据能取得更好的效果，但大规模的余弦相似度求解运算比较耗时，相比之下，经过深度哈希学习得到的语句哈希码表示有着更快的查询效率。

为探究哈希层对检索效率的影响，对带有哈希学习层的模型和删去哈希学习层的模型进行了比较实验。实验结果表明，我们提出的模型在不采用哈希码时的检索准确率最高，但耗费时间也最长，比传统方法 TF-IDF 等还要费时，相比之下，采用深度哈希方法的准确率虽然要略低一些(4.9%)，但却能显著提升检索效率。基于微调和深度哈希的方法所消耗的时间主要是在训练过程中，一旦模型训练完毕，将大幅提高下游检索任务的查询效率，而传统方法的优势在于不需要经过额外的训练步骤，只需少量的词频统计即可，但在检索过程中的速度要落后于本章所提出的方法。在准确率方面，深度哈希的方法也要远高于传统方法，一方面是由于深度哈希在数据集上经过了学习训练，学习到了更多的语义信息，另一方面，传统方法基于词袋模型，更加适合应用于较长文本的检索，而本实验采用的数据集的文本单元规模较小，一定程度上也限制了传统方法性能优势的发挥。

3. 模型鲁棒性研究

在文本检索中，算法的性能会被噪声数据所影响，该问题可看作是一个噪声鲁棒性问题。为检验模型性能在含噪声数据下的鲁棒性，我们在混有不同比例噪声的数据上进行了对比实验。

具体实验中，本章采用 WNLI 数据集[18]中的数据作为噪声数据。实验依然在测试集上进行，但会分别引入 5％、10％、15％的噪声数据。根据表 6－5 中的结果可看出，本章所提方法有着较好的抗噪鲁棒性，在存在少量噪声数据的情况下并未造成明显的性能损失。

表 6－5　抗噪鲁棒性研究

噪声数据比例/％	Top-5 准确率/％	Top-10 准确率/％
0	80.34	82.43
5	80.27	82.15
10	78.43	81.94
15	78.15	80.55

本 章 小 结

本章探究了深度哈希技术在 NLP 领域的一些应用场景，主要使用深度哈希技术进行了文本表示学习。与传统的用高维实向量嵌入文本的深度学习方法不同，本章设计了一种基于预训练语言模型和哈希学习的深度神经网络模型，在传统的深度神经网络模型的基础上，增加了针对不同下游任务的哈希学习层和任务输出层，可以通过训练学习每个输入样本对应的唯一哈希表示。实验结果表明，只要适当设计模型结构和训练过程，可以在尽可能少的语义信息损失的情况下，显著降低存储空间开销和计算时间开销，从而极大地提高相关任务的处理效率。

参 考 文 献

[1] BENGIO Y, DUCHARME R, VINCENT P, et al. A neural probabilistic language model[J]. The journal of machine learning research, 2003, 3: 1137-1155.

[2] MIKOLOV T, SUTSKEVER I, CHEN K, et al. Distributed representations of words and phrases and their compositionality[C]//Advances in neural information

processing systems. 2013：3111-3119.

[3]　PENNINGTON J，SOCHER R，MANNING C D. Glove：Global vectors for word representation[C]//Proceedings of the 2014 conference on empirical methods in natural language processing (EMNLP). 2014：1532-1543.

[4]　LE Q，MIKOLOV T. Distributed representations of sentences and documents[C]// International conference on machine learning. PMLR，2014：1188-1196.

[5]　MITRA B，CRASWELL N. An introduction to neural information retrieval[M]. Changchun：Now Foundations and Trends，2018.

[6]　ROBERTSON S，ZARAGOZA H. The probabilistic relevance framework：BM25 and beyond[M]. Changchun：Now Publishers Inc，2009.

[7]　LI H，XU J. Semantic matching in search[J]. Foundations and Trends in Information retrieval，2014，7(5)：343-469.

[8]　XIONG C，DAI Z，CALLAN J，et al. End-to-end neural ad-hoc ranking with kernel pooling[C]//Proceedings of the 40th International ACM SIGIR conference on research and development in information retrieval. 2017：55-64.

[9]　HUI K，YATES A，BERBERICH K，et al. Co-PACRR：A context-aware neural IR model for ad-hoc retrieval[C]//Proceedings of the eleventh ACM international conference on web search and data mining. 2018：279-287.

[10]　MITRA B，DIAZ F，CRASWELL N. Learning to match using local and distributed representations of text for web search[C]//Proceedings of the 26th International Conference on World Wide Web. 2017：1291-1299.

[11]　DOLAN W B，BROCKETT C. Automatically constructing a corpus of sentential paraphrases[C]//Proceedings of the Third International Workshop on Paraphrasing (IWP2005). 2005.

[12]　WANG A，SINGH A，MICHAEL J，et al. GLUE：A Multi-Task Benchmark and Analysis Platform for Natural Language Understanding[C]//Proceedings of the 2018 EMNLP Workshop BlackboxNLP：Analyzing and Interpreting Neural Networks for NLP. 2018：353-355.

[13]　HOCHREITER S，SCHMIDHUBER J. Long short-term memory[J]. Neural computation，1997，9(8)：1735-1780.

[14]　XU L，HU H，ZHANG X，et al. CLUE：A Chinese Language Understanding Evaluation Benchmark[C]//Proceedings of the 28th International Conference on Computational Linguistics. 2020：4762-4772.

[15]　WOLF T，CHAUMOND J，DEBUT L，et al. Transformers：State-of-the-art natural language processing[C]//Proceedings of the 2020 Conference on Empirical

Methods in Natural Language Processing：System Demonstrations. 2020：38-45.

[16] NOGUEIRA R，CHO K. Passage Re-ranking with BERT［J］. arXiv preprint arXiv：1901. 04085，2019.

[17] HOFSTÄTTER S，ZAMANI H，MITRA B，et al. Local self-attention over long text for efficient document retrieval［C］//Proceedings of the 43rd International ACM SIGIR Conference on Research and Development in Information Retrieval. 2020：2021-2024.

[18] LEVESQUE H，DAVIS E，MORGENSTERN L. The winograd schema challenge ［C］//Thirteenth International Conference on the Principles of Knowledge Representation and Reasoning. 2012.

第 7 章

基于两阶段半监督训练的长文本聚类

根据第 1 章所提出的课题研究思路,在对文本进行表示学习的步骤以后,文本整编的第二个步骤就是对整个文本集进行聚类,根据语义、主题等指标的相似程度将文本分别划分到不同的簇中,从而为后续在细分的文本簇上进行摘要文本的生成打下基础。

7.1 问 题 提 出

文本聚类是 NLP 中一种常见的数据分析问题:对于给定的文本样本,文本聚类将根据这些样本的语义相似度或语义空间距离将其分到若干个簇(Cluster)中[1]。早期的文本聚类算法主要采用基于传统机器学习的特征提取方法,如向量空间模型(VSM)[2]、词频-逆文本频率指数(Term Frequency-Inverse Document Frequency,TF-IDF)、潜在语义分析(Latent Semantic Analysis,LSA)[3]等主题模型,这些基于统计学的方法已经被广泛应用于各种实际场景且能够取得较好的效果。然而,上述方法基本上都面临着数据高维稀疏表示所导致的维度灾难(Curse of Dimensionality)、复杂语义提取困难和抗数据噪声干扰较弱等问题。

近年来,深度学习以其优异的性能和巨大的潜力成为 NLP 中常用的方法,对基于深度学习的文本聚类算法的一系列研究也彰显了其相对于传统文本聚类方法存在较大优势。在文本聚类中,特征提取的优劣与否对于模型的具体表现具有重要意义,VSM、TF-IDF 度量、LSA 模型等方法早已被广泛应用于传统的文本聚类中。随着深度学习时代不断涌现出结构特点各异的神经网络结构,特征提取的手段也随之发展。自词向量(词嵌入)技术出现以来,深度神经网络在文本表示学习方面取得了不断的更新迭代,基于循环神经网络(RNN)和卷积神经网络(CNN)的方法也在 NLP 的不同子领域中取得了令学界关注的研究成果。在 Transformer 和 BERT 出现后,基于 Transformer 的神经网络模型和预训练语言模型的迁移学习策略逐渐成为 NLP 各领域的主流方法,并在多个下游任务中不断刷新最优成果。此外,已有的关于聚类的研究往往集中在特征提取[2,4,5]或聚类过程的改进[6]。针对上述优缺点,本书提出了一种基于 Transformer 深度神经网络模型的聚类算法,该算法将特征提取和聚类过程结合成一个目标进行同步优化。

为解决基于相似度的长文本聚类问题，本章针对文本数据特点提出一种基于两阶段半监督学习的文本聚类方法 DEC-Transformer（Deep Embedded Clustering with Transformer），该方法在有标签的数据上进行模型的初步训练，然后再将模型在无标签的数据上进行迭代训练，以进一步提升模型基于语义相似度的聚类准确率。

7.2　DEC-Transformer 算法总体设计

7.2.1　DEC-Transformer 算法概述

本节所提出的算法采用数据驱动的方法，将特征提取过程和在此基础上的聚类过程相结合，在实验结果中取得了良好的效果。本节所需要解决的是中文长文本聚类问题，其形式化描述如下：对于 m 个中文长文档集合 $D = \{d_1, d_2, d_3, \cdots, d_m\}$，其中 $m = |D|$ 表示集合 D 的大小，该文档集合需要通过聚类算法划分为 k 个簇 $C^* = \{C_1, C_2, \cdots, C_k\}$，每个簇用一个质心 μ_j 表示，$j = 1, 2, \cdots, k$。我们使用深度表示学习模型 $F(D; \theta)$ 将每个长文档映射到低维的潜在特征空间 $Z = \{z_1, z_2, \cdots, z_m\}$，其中 θ 是可学习的参数，Z 的维数较低，以防止"维数灾难"的发生。最后，经过一段时间的训练和迭代，稠密的特征向量集应该能够充分表达文档集中的数据特征，从而得到准确的聚类结果。

我们受 Xie 等人[7]的启发，针对中文长文本聚类的任务，设计了一个将深度神经网络模型和传统聚类算法相结合的模型，即 DEC-Transformer 模型，如图 7-1 所示。

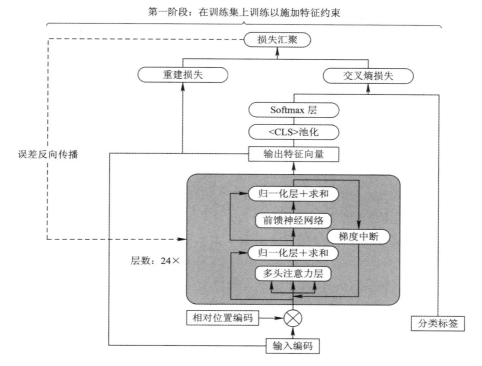

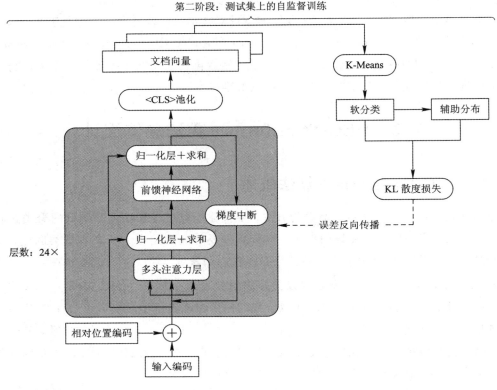

图 7-1 DEC-Transformer 模型的总体结构

DEC-Transformer 将文本的表示学习和文本聚类作为一个统一的过程，以两阶段的训练结果作为反馈，动态优化模型参数，而不是将 Transformers 作为一个孤立的组件单独使用。模型采用两阶段训练模式，第一阶段以非聚类损失为优化目标，主要目的是对学习模型施加期望约束；第二阶段以聚类损失为优化目标，以期得到更准确的聚类结果。

7.2.2 基于预训练 Transformer 的模型参数初始化

首先，模型需要将文本数据转换为向量形式。传统的方法是利用词袋模型、TF-IDF 等方法得到一个文档–词项矩阵，然后在此文档–词项矩阵上进行聚类操作。采用神经网络方法学习文本向量表示的特征工程方法，如 Word2vec、Doc2vec 等，与传统的词袋模型相比具有更强的特征提取能力。以 BERT 和 RoBERTa 为代表的预训练语言模型已经在大量的文本语料库上进行了预训练，解决了传统嵌入方法中语义提取不足、忽略上下文语义连接且难以解决一词多义等问题。在本章中，针对长文本数据的输入，我们选择 XLNet 模型，因为其内在的 Transformers 循环机制与一般的 PLM 相比可以接受更长的输入，因而可以引入更长距离的语义信息。在本实验中，我们使用经过充分预训练的 XLNet 模型参数初始化 DEC-Transformer 模型的主干参数，并将输入语句标记化后添加的 [CLS] 标记作为输入文本的高维特征表示。除 XLNet 之外，我们还使用了其他经过预训练的模型如 BERT、RoBERTa 等作为 DEC-Transformer 模型的初始化工具。

7.3　DEC-Transformer 算法两阶段训练策略

7.3.1　第一阶段参数约束训练

在创建模型并初始化参数后，DEC-Transformer 即进入第一阶段的训练，如图 7-2 所示。具体而言，在这一阶段，模型将在有标签的训练集上进行监督训练，以对模型实施所需的约束。一些研究[8,9]在 STC 任务上采用迭代进行多分类的方法对聚类结果进行优化，取得了较好的效果。值得一提的是，此类方法仅采用了无监督的方法进行聚类，这与本章所提出的方法不同。DEC-Transformer 模型第一阶段训练是在带有聚类标签的训练集上进行的有监督训练，以期模型能够以较快的速度收敛，且使得模型参数能够更加接近数据的真实性。Aljalbout 等人[10]将聚类任务的训练目标分为非聚类损失（Non-clustering Loss）和聚类损失（Clustering Loss）。在本阶段的训练中，模型采用无聚类损失的方法对 DEC-Transformer 进行训练。

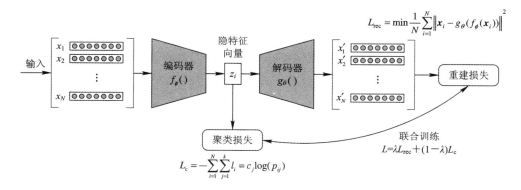

图 7-2　DEC-Transformer 第一阶段训练示意图

受预训练语言模型的启发，BERT 模型通常使用一个名为掩码语言模型（Masked Language Model，MLM）的任务，这是一种去噪自编码（Denoise Autoencoding，DAE）的方法。与基于 AE 或 VAE 的聚类方法使用单个 AE 或 VAE 模型来直接学习聚类和表示不同，DEC-Transformer 采用了一个基于 AE 的训练过程同时学习了输入文本中关于聚类的内在知识。这种方法在原理上很像预训练语言模型所代表的 NLP 第三范式"预训练，微调"中的预训练过程，区别在于 PLM 在预训练阶段的目的是学习文本的一般潜在信息和知识，而 DEC-Transformer 在本阶段训练的目的是学习面向聚类的文本潜在信息。从图 7-3 中可以更直观地看出这种差异，我们认为单纯基于 AE 或基于 VAE 的模型的训练模式不足以获得文本的语义聚类信息：一方面，基于 AE 的模型采用了文本输入重建和聚类损失相结合的方法，这与纯聚类目标还是存在一定差距；另一方面，这些模型需要引入一个超参数来平衡重建损失和聚类损失，而该参数的选择具有较大的随机性和不确定性。出于上述原因，本模型将该部分的训练作为一个"预训练"的过程，目的是增强模型在聚类任务上对文本语义信息的挖掘和表示，从而为第二阶段在正式的聚类过程中提供一定先验知识的支撑。

由此，第一阶段训练可看作是针对长文本聚类的一个定制的预训练步骤。我们并不期望模型在这一阶段的训练中能够学习足够的信息或表示来进行聚类，而是希望模型能够学习到用于文本聚类的隐藏领域知识并以模型参数的形式隐式地存储这些知识。

图 7-3　预训练语言模型和 DEC-Transformer 在迁移学习上的应用区别

对每个输入文本 t_i，首先通过词嵌入和位置嵌入将其转换成向量 $\boldsymbol{x}_i$，然后编码器函数 $f_\phi(\cdot)$ 再将其转换成潜在特征 $\boldsymbol{z}_i$。随后，解码器函数 $g_\theta(\cdot)$ 将 $\boldsymbol{z}_i$ 变换成 $\boldsymbol{x}'_i$，使其尽可能地类似于输入 $\boldsymbol{x}_i$。重建损失计算公式为

$$\min_{\phi,\theta} L_{\text{rec}} = \min \frac{1}{N} \sum_{i=1}^{N} \parallel \boldsymbol{x}_i - g_\theta(f_\phi(\boldsymbol{x}_i)) \parallel^2 \tag{7-1}$$

第一阶段训练的聚类损失如图 7-4 所示。

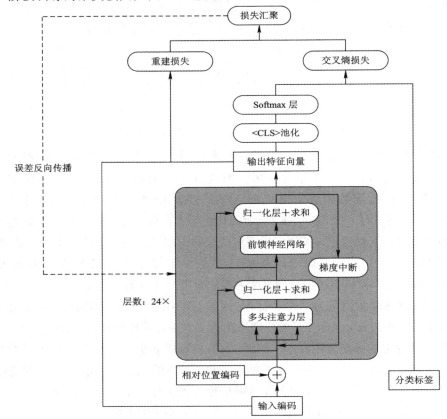

图 7-4　第一阶段训练的聚类损失

更具体地说,图 7 - 4 描述了模型在第一阶段训练中的基本结构。现将在 DEC-Transformer 模型的末端追加一层 Softmax 层后的模型记作 $G(t_i; \theta)$,给定文档集 $T = \{t_1, t_2, \cdots, t_N\}$ 和标签 $L = \{l_1, l_2, \cdots, l_N\}$,对于每个输入 t_i,模型 $G(t_i; \theta)$ 将输出模型属于不同簇的概率分布 S,以及 t_i 属于不同簇 $c_i (c_i \in C)$ 的概率 $p_{i1}, p_{i2}, \cdots, p_{ik}$,并以交叉熵作为聚类损失的优化目标:

$$\min_{\theta} L_c = -\sum_{i=1}^{N} \sum_{j=1}^{k} I(l_i = g(t_j)) \log(p_{ij}) \qquad (7-2)$$

其中,$I(\cdot)$ 是指示函数。根据模型的设计,这一阶段的训练应能使模型参数被更好地约束在真实数据期望的分布上。这样一来,在无标签测试集上进行第二阶段的训练时,DEC-Transformer 模型可以在聚类过程中更快、更准确地收敛。

7.3.2　第二阶段自监督训练

在模型经历第一阶段的训练后,我们将通过无监督的自训练(Self-training)来提高 DEC-Transformer 的聚类性能,相关细节如图 7 - 5 所示。首先将第一阶段训练后的模型 $G(t_i; \theta)$ 作为第二阶段自训练的初始状态,将 $G(t_i; \theta)$ 被剥离最后的 Softmax 层后的模型记作 $\tilde{G}(t_i; \theta)$。在本阶段,我们使用被称为聚类分配强化(Cluster Assignment Hardening)的聚类目标损失来训练聚类模型。

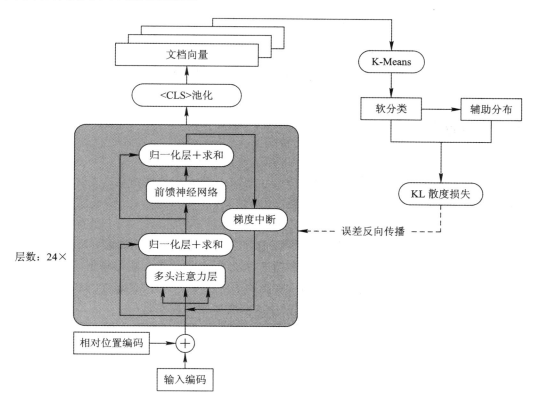

图 7 - 5　DEC-Transformer 第二阶段训练示意图

类似于 Xie 等人[7]的思路，我们在第二阶段的训练中使用了无监督的基于数据驱动的训练方法。首先，我们使用聚类算法来计算文本分布式嵌入和聚类中心之间的软赋值，即 Q。对于 Q 的计算，可以使用 t 分布来判断点 z_i 和质心 μ_j 之间的相似性：

$$q_{ij} = \frac{(1 + \| z_i - \mu_j \|^2 / \alpha)^{-\frac{\alpha+1}{2}}}{\sum_{j'} (1 + \| z_i - \mu_{j'} \|^2 / \alpha)^{-\frac{\alpha+1}{2}}} \qquad (7-3)$$

其中，$z_i = \tilde{G}(t_i; \theta) \in Z$ 对应于每个矢量化后的输入 $x_i \in X$。对于 Q 中的任何一个 q_{ij}，都可以理解为文本 t_i 以软赋值的方式被划分为第 j 类的概率，因此可以将 Q 看作是从输入文本到各个聚类的概率分布。在式中，α 表示 t 分布的自由度，由于在无监督聚类中不能对测试集进行交叉验证，因此本实验采用 $\alpha = 1$。在得到 Q 的基础上，下一步模型将利用辅助目标分布 P 修改模型参数、文档嵌入表示和聚类结果。辅助目标分布 P 的用处是提高聚类内的纯度，使得模型重视具有更高置信度的样品。辅助目标分布 P 中的每一项 p_{ij} 为

$$p_{ij} = \frac{q_{ij}^2 / \sum_{i'} q_{i'j}}{\sum_{j'} (q_{ij'}^2 / \sum_{i'} q_{i'j'})} \qquad (7-4)$$

q_{ij} 可以被看作是数据点到集群的软分配。聚类分配强化损失是为了使这些软分配概率更严格。在我们的工作中，我们用 Kullback-Leibler 散度来表示 Q 和 P 之间的散度，计算公式为

$$L = \mathrm{KL}(P \| Q) = \sum_i \sum_j p_{ij} \log \frac{p_{ij}}{q_{ij}} \qquad (7-5)$$

7.4　实验结果与分析

7.4.1　数据集

本章利用以下两个广泛使用的开源中文数据集进行了实验和研究。

（1）复旦大学中文长文本分类语料库(Fudan Corpus)：该语料库由复旦大学出版，它包括一个训练集和一个测试集，其中训练集共有 9 803 篇文档，测试集有 9 833 篇文档，所占内存空间分别为 140.7 MB 和 143 MB。全部文档都按照主题被分为艺术、文学、教育学、哲学等 20个类别，具体的文档主题分布如表 7-1 所示。在将文本数据输入模型之前，我们首先对数据集进行预处理，使用结巴中文分词对所有文档进行处理，然后去除常用的停止词，最后得到本实验中使用的文本数据。训练集和测试集中文档的平均长度分别为 3 483.54 和 3 532.79。

表 7-1　复旦大学中文长文本语料库统计

主　　题	训练集/篇	测试集/篇
艺术	740	742
文学	33	34
教育学	59	61
哲学	44	45

主 题	训练集/篇	测试集/篇
历史学	465	468
太空学	640	642
能源学	32	33
电子技术	27	28
通信学	25	27
计算机科学	1 357	1 358
采矿学	33	34
交通学	57	59
环境学	1 217	1 218
农学	1 021	1 022
经济学	1 600	1 601
法学	51	52
医药学	51	53
某领域内学	74	76
政治学	1 024	1 026
体育学	1 253	1 254
总计	9 803	9 833

（2）搜狗中文语料库（SogouCS Corpus）：SogouCS 来自搜狐新闻，包含体育、娱乐、股票等 18 个分类，在实验中，随机选取 10 000 个文档作为噪声数据进行抗噪鲁棒性研究。

除在两个公开数据集上进行实验外，我们还使用在某领域文本标注软件及服务项目中通过查询导出数据的方式生成包含 30 种类别的 56 672 个文档样本进行补充实验。

7.4.2 评测指标

在实验中，本书使用无监督评估指标对模型的聚类结果进行评估，并与当前较先进的方法进行比较。对于实验中使用的所有算法，我们将聚类数设置为测试集的真实类别数，并使用聚类精度来评估性能：

$$\text{ACC} = \max_{m} \frac{\sum_{i=1}^{n} I(l_i = m(F(t_i; \theta)))}{N} \tag{7-6}$$

其中，l_i 是文本 t_i 所属聚类类别的真实标签；$F(t_i; \theta)$ 是模型预测的聚类；$m(\cdot)$ 是一个映射函数，它覆盖了赋值和标签之间所有可能的一对一映射。该度量从所提出的模型中获得一个聚类分配和一个地面真值分配，找到它们之间的最佳匹配。最佳映射可通过匈牙利算法（Hungarian algorithm）[12]计算。

7.4.3 实验实施

在这项工作中，我们依托多个成熟的机器学习开源库进行实验，如 PyTorch[13]、sklearn[14] 和 Transformers[15]。根据多轮实验尝试，本章采用的超参数设置如表 7-2 所示。对于无监督和有监督的训练阶段，批次大小都固定为 4。选择 Adam 优化器作为优化器，学习率设置为 0.001。在训练中，参数的学习采用每个迭代轮数衰减 80% 的学习率递减策略。DEC-Transformer 模型的基本骨架和参数的初始化是基于预先训练的 XLNet[16]。我们使用 Cui 等人发表文章[17]中所提供的开源中文预训练 XLNet 模型，该模型在谷歌的云 TPU V3 （128 G HBM）上进行了两百万次迭代训练（批次大小＝32），预训练耗时三周，使用的中文语料的总字数为 54 亿左右。

表 7-2 实验超参数设置

参　　　数	设　置　值
初始学习率	0.001
词向量维度	768
模型层数	24
dropout 比率	0.1
批次大小	4
优化器	AdamOptimizer
聚类算法	K-Means

在训练过程中，首先对复旦大学中文长文本分类语料库中的预处理的训练集进行无监督训练，然后将模型传递到测试集的监督训练阶段。我们将 DEC-Transformer 的结果与传统的聚类算法和一些前沿方法进行了比较，最后通过消融实验验证了模型中各个阶段的有效性。

1. 比较实验

为更加全面、深入地评估本章所提出的模型的性能，我们将该方法与各种传统方法和一些基于深度学习的文本聚类算法进行了比较实验。

具体来说，首先使用传统的 TF-IDF 测度对文本进行特征提取，在此基础上评估不同的聚类算法的性能。经过 TF-IDF 测度的计算，训练集文档的特征矩阵的维数为（9803，297 802），实验表明直接聚类耗时很长且效果较差。为解决维度灾难的问题，实验中采用截断奇异值分解（SVD）对原始的文档 TF-IDF 特征矩阵进行降维，使得降维后的维度处于 20 到 500 之间，再对进行 SVD 变换后的矩阵分别采用 K 均值（K-Means）聚类、Birch 聚类、凝聚聚类（Agglomerative Clustering）和谱聚类（Spectral Clustering），聚类后的准确率结果如表 7-3 所示。

表 7 - 3　传统聚类算法比较

特征向量维度	K 均值	Birch 聚类	凝聚聚类	谱聚类
20	42.7	45.2	46.7	44.0
50	45.3	48.0	49.1	45.4
100	45.4	47.9	49.8	48.0
200	46.7	46.9	47.6	47.9
300	44.4	49.9	51.6	46.3
400	52.2	54.4	48.8	46.1
500	51.0	52.3	48.8	45.7

从图 7 - 6 中可以直观地看出，4 种传统聚类算法的准确度是相似的，基本上在 45 到 50 之间，因此在下面的实验中，在聚类阶段使用 K-Means。

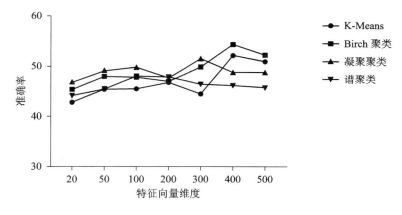

图 7 - 6　传统聚类算法在不同输入维度下的比较

为了充分验证 DEC-Transformer 模型的优越性，我们将其与文本聚类领域具有代表性的几种新方法进行了比较。这些方法的详细信息如下。

PYPM (Pitman Yor Process Mixture model)：在该模型[18]中，每个文档选择一个概率来自 Pitman-Yor 过程混合模型的聚类，该模型是基于 Dirichlet 多项式混合（DMM）模型的改进。

LSI：这是一个基于潜在语义模型的文本聚类遗传算法模型[3]，它利用信息检索中的一项成功技术对原始特征空间进行降维。

CNN：这是一个由卷积神经网络建立的模型[4]，利用深度学习来解决文本表示的稀疏性。这种方法是一种典型的模型，可以简单地将深度学习和传统的聚类方法（如 K-Means）结合起来，而无须进行任何调整。

LCK-NFC[1]：该模型将 Bi-LSTM 和 CNN 与 K-Means 相结合。它将特征提取和聚类作为一个统一的过程，与以往的工作相比具有很大的优势。

ECIC-Transformer[8]：该模型使用预先训练的语言模型处理文本聚类。具体而言，RoBERTa 和 BERT 用于优化 ECIC[9]算法。这个模型使用 Transformer 来改进聚类方法，就像我们在这项工作中所做的那样。然而，这种方法在细节上与我们提出的 DEC-

Transformer 有很大不同，尽管这种方法将变换器与聚类算法相结合。

DEC-Transformer 和多种基准模型的比较如表 7 - 4 所示。

表 7 - 4　DEC-Transformer 和多种基准模型的比较

模　　型	算法核心结构	是否为深度学习方法	是否为迁移学习方法	监督/无监督
PYPM	狄利克雷分布	×	×	无监督
LSI	潜在语义分析	×	×	无监督
CNN	深度卷积神经网络	√	×	无监督
LCK-NFC	深度卷积神经网络	√	×	无监督
ECIC－Transformer	深度卷积神经网络	√	√	无监督
DEC-Transformer	深度卷积神经网络	√	√	自监督＋无监督

实验结果表明，在所有方法中，DEC-Transformer 表现最好。LSI 方法基于 TF-IDF，只比表 7 - 3 中的结果稍微好一点。表 7 - 4 中基于 CNN 的聚类算法对短文本进行了优化，因此它在长文本聚类场景中表现不佳。LCK-NFC 与 DEC-Transformer 类似。它采用了深度神经网络和聚类算法相结合的方法，既适合较长的文档，也适合较短的文档。DEC-Transformer 在 LCK-NFC 中使用了比 Bi-LSTM 和 CNN 更强的 Transformer 结构。此外，大规模的预训练任务将大量深层语义知识转移到我们的模型中，这是相对于 LCK-NFC 的另一个优势。因此，DEC-Transformer 在长文本聚类实验中取得了较好的效果。

表 7 - 5　DEC-Transformer 与其余基准模型在测试集上的比较

样本数量	PYPM	LSI	CNN	LCK-NFC	ECIC-Transformer	DEC-Transformer
3 000	67.4	55.8	69.1	72.5	79.3	85.6
6 000	67.9	56.7	73.3	76.4	79.9	87.3
9 833	68.1	56.4	73.8	81.2	81.4	88.2

图 7 - 7 直观地展示了 DEC-Transformer 模型与其他聚类方法的性能比较。

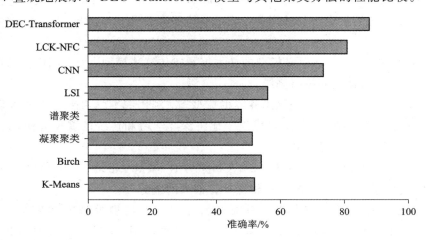

图 7 - 7　DEC-Transformer 与其他聚类方法的性能比较

2. 消融实验

由于 DEC-Transformer 在复旦大学中文长文本分类语料库的数据集上取得了较好的结果，因此我们通过实验来探索 DEC-Transformer 的不同部分在数据集上的性能。具体来说，我们实现了完整的模型，并在任务中删除或替换了部分模型，实验结果如表 7 - 6 所示。完全预训练的 XLNet 模型用作 DEC-Transformer 模型的主干，并使用其参数初始化 DEC-Transformer 模型。然而，还有一些其他的流行的预训练语言模型具有自己的特点，如 BERT、RoBERTa 等。此外，我们还使用了 Cui 等人发表文章[17] 提供的开源预训练中文 BERT 和 RoBERTa 模型。我们还使用随机初始化的 XLNet 模型进行对比实验。如上所述，复旦大学中文长文本分类语料库中包含平均长度约为 3532 的长文本，最长文本超过 25 000 个单词。BERT 和 RoBERTa 的最大输入长度都是 512，因此这两个模型只能提取输入文本信息的一小部分。XLNet 模型中存在变压器的内部循环机制，其输入长度的限制仅取决于 GPU 内存的大小。在本实验中，我们使用了 4 个 Nvidia Tesla V100(32 GB)GPU，并将最大输入长度设置为 4096，这可以覆盖复旦大学语料库数据集中的大部分输入文本。

表 7 - 6　消融实验结果

方　　法	准确率/%
DEC-Transformer 基准方法	88.16
由 XLNet 模型初始化(最大长度＝512)	78.96
由 BERT 模型初始化	78.23
由 RoBERTa 模型初始化	81.65
由 XLNet 模型架构＋参数随机初始化	77.42
-特征约束训练(第一阶段)	85.13
-自监督训练(第二阶段)	82.57

实验结果表明，与原始方法相比，采用 BERT 和 RoBERTa 方法的精度损失为 5～10 点。直观地说，这是因为输入长度限制了模型提取足够的文本信息，导致聚类结果不理想。为了证实这一猜想，我们还将 XLNet 模型的最大输入长度限制为 512，这与 BERT 和 RoBERTa 相似。结果表明，该方法的性能与 BERT 和 RoBERTa 的性能相似，这证实了我们的猜想。值得一提的是，随机初始化参数的 XLNet 模型与原有方法存在较大的性能差距，说明了预训练过程引入的迁移学习的有效性。

如果我们保留了第二阶段的自监督训练，虽然我们的目标是为模型在聚类前施加一个粗糙的参数约束，以加速模型在聚类过程中的收敛并提高精度，但实验结果表明，该步骤对聚类过程的影响有限。如果我们去除自监督训练，并在特征约束训练后使用模型对测试集上的文本进行聚类，DEC 转换器的性能将受到很大影响。实验结果表明，预训练语言模型 XLNet 和无监督自训练阶段都是提高聚类效果的重要环节。约束的实施也有助于提高集群的性能，但影响相对较小。

图 7 - 8 显示了所提出模型不同阶段的聚类空间。该图是消融研究阶段模型聚类结果的

可视化显示，其中图 7-8(a)描述的是 DEC-Transformer 仅由预训练的 XLNet 初始化后的聚类结果，图 7-8(b)描述的是 DEC-Transformer 经过了初始化和第一阶段训练后所得到的聚类结果，图 7-8(c)描述的是完整的 DEC-Transformer 所获得的聚类结果。可视化结果表明，本章提出的模型在长文本聚类任务中取得了良好的性能，并且能够在高维聚类空间中区分输入文本。通过对模型的三阶段依次训练，不同聚类文本之间的区分能力越来越强，聚类性能也在不断提高。

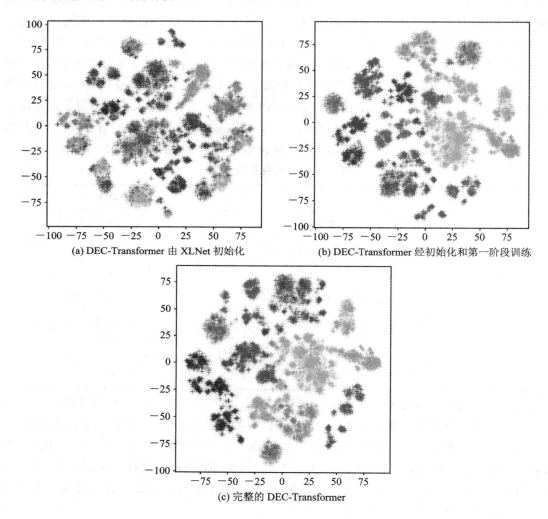

(a) DEC-Transformer 由 XLNet 初始化

(b) DEC-Transformer 经初始化和第一阶段训练

(c) 完整的 DEC-Transformer

图 7-8　聚类效果可视化

3. 抗噪鲁棒性实验

众所周知，在文本聚类任务中，噪声数据会影响算法的性能，这通常被认为是一个噪声鲁棒性问题。为了测试模型性能在噪声数据中的鲁棒性，对混合了不同比例噪声的数据进行了对比实验。

在实验中，使用 SogouCS 数据集中的数据作为噪声数据。实验仍在测试集上进行，但分别引入 5％、10％和 15％的噪声数据。从表 7-7 中可以看出，DEC-Transformer 具有良好的抗噪鲁棒性，在少量噪声数据的情况下不会造成明显的性能损失。图 7-9 显示了数据集上的 DEC Transformer 与多种方法的抗噪鲁棒性比较结果。我们可以发现，基于 Transformer 的模型（DEC Transformer 和 ECIC Transformer）比其他方法更稳健。我们推测这是大规模语料库预训练的结果。

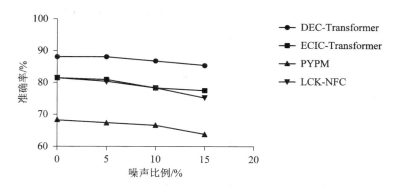

图 7-9　DEC-Transformer 与多种方法的抗噪鲁棒性比较结果

表 7-7　模型抗噪鲁棒性实验结果

噪声比例/%	准确率/%
0	88.16
5	88.03
10	86.75
15	85.42

本 章 小 结

针对基于语义相似度的中文长文本聚类问题，本章提出了 DEC-Transformer 模型。该模型由预先训练好的语言模型进行参数初始化。经过在训练集上的有监督训练和在测试集上的自监督训练，该模型与其他基准模型相比可以获得更高的聚类性能，抗噪鲁棒性实验表明 DEC-Transformer 还具有较好的抗噪鲁棒性。本章所提出的 DEC-Transformer 模型不仅在开源的数据集上有良好表现，在使用某领域内文本标注项目及服务上的部分数据进行的补充实验证明了该模型在某领域内的语料中也有很强的适应性，是文本整编流程中的有力支撑。

参 考 文 献

[1]　FAN Y，GONGSHEN L，KUI M，et al. Neural feedback text clustering with

BiLSTM-CNN-Kmeans[J]. IEEE Access, 2018, 6: 57460-57469.

[2] SEIFZADEH S, FARAHAT A K, KAMEL M S, et al. Short-text clustering using statistical semantics[C]//Proceedings of the 24th international conference on world wide web. 2015: 805-810.

[3] SONG W, PARK S C. Genetic algorithm for text clustering based on latent semantic indexing [J]. Computers & Mathematics with Applications, 2009, 57 (11-12): 1901-1907.

[4] XU J, WANG P, TIAN G, et al. Short text clustering via convolutional neural networks[C]//Proceedings of the 1st Workshop on Vector Space Modeling for Natural Language Processing. 2015: 62-69.

[5] XU J, XU B, WANG P, et al. Self-taught convolutional neural networks for short text clustering[J]. Neural Networks, 2017, 88: 22-31.

[6] REVANASIDDAPPA M B, HARISH B S, KUMAR S V A. Clustering text documents using kernel possibilistic C-means [C]//Proceedings of International Conference on Cognition and Recognition. Springer, Singapore, 2018: 127-134.

[7] XIE J, GIRSHICK R, FARHADI A. Unsupervised deep embedding for clustering analysis[C]//International conference on machine learning. PMLR, 2016: 478-487.

[8] PUGACHEV L, BURTSEV M. Short Text Clustering with Transformers[J]. arXiv preprint arXiv: 2102.00541, 2021.

[9] RAKIB M R H, ZEH N, JANKOWSKA M, et al. Enhancement of short text clustering by iterative classification[C]//International Conference on Applications of Natural Language to Information Systems. Springer, Cham, 2020: 105-117.

[10] ALJALBOUT E, GOLKOV V, SIDDIQUI Y, et al. Clustering with deep learning: Taxonomy and new methods [J]. arXiv preprint arXiv: 1801.07648, 2018.

[11] VAN DER MAATEN L, HINTON G. Visualizing data using t-SNE[J]. Journal of machine learning research, 2008, 9(11).

[12] KUHN H W. The Hungarian method for the assignment problem [J]. Naval research logistics quarterly, 1955, 2(1-2): 83-97.

[13] PASZKE A, GROSS S, MASSA F, et al. Pytorch: An imperative style, high-performance deep learning library[J]. Advances in neural information processing systems, 2019, 32: 8026-8037.

[14] PEDREGOSA F, VAROQUAUX G, GRAMFORT A, et al. Scikit-learn: Machine learning in Python [J]. the Journal of machine Learning research, 2011, 12: 2825-2830.

[15] WOLF T, CHAUMOND J, DEBUT L, et al. Transformers: State-of-the-art natural language processing[C]//Proceedings of the 2020 Conference on Empirical

Methods in Natural Language Processing：System Demonstrations. 2020：38-45.

[16] YANG Z，DAI Z，YANG Y，et al. Xlnet：Generalized autoregressive pretraining for language understanding[J]. Advances in neural information processing systems，2019，32.

[17] CUI Y，CHE W，LIU T，et al. Revisiting Pre-Trained Models for Chinese Natural Language Processing[J]. 2020.

[18] QIANG J，LI Y，YUAN Y，et al. Short text clustering based on Pitman-Yor process mixture model[J]. Applied Intelligence，2018，48(7)：1802-1812.

[19] HU X，SUN N，ZHANG C，et al. Exploiting internal and external semantics for the clustering of short texts using world knowledge[C]//Proceedings of the 18th ACM conference on Information and knowledge management. 2009：919-928.

第8章

基于语句融合及自监督训练的文本摘要生成

根据图 5-1 提出的研究思路，文本整编的最后一个步骤是利用文本生成技术对每个簇内的文档生成一个摘要性的文档。文本自动摘要是 NLP 领域具有挑战性的任务之一，根据 1958 年 Luhn 的定义[1]，文本自动摘要的形式化定义如下：输入为包含 n 个单词的原始文档 $d = \{w_1, w_2, w_3, \cdots, w_n\}$，目标输出为包含原始文档主要内容的摘要 $y = \{y_1, y_2, y_3, \cdots, y_m\}$，其中 y 由 m 个单词组成且满足 $m \ll n$。根据文本摘要的生成方式，文本自动摘要技术可分为抽取式自动摘要和生成式自动摘要，其中涉及的技术包含特征评分、分类算法、线性规划、次模函数、图排序、序列标注和深度学习算法等[2]。早期的研究大多采用抽取式的方法进行文本自动摘要[3-5]，因为这种方法直接从原始文档中提取关键文本序列来输出摘要，方法直观且容易实现。然而，抽取式方法所生成的摘要文本全部来源于原始文档中连续的文本序列，不可避免地带有大量冗余信息。除此以外，通过选取原始文档若干语句所组成的文本概括性有限，更多的是对原始文档中的关键语句进行提取，而并不是在理解原始文本的基础上进行概括。因此，抽取式方法所生成的摘要文本从本质上讲是受限的，难以生成概括性强的高质量摘要文本。

8.1 问题提出

近几年，随着深度学习的普及，文本自动摘要领域开始涌现出一批采用生成式方法进行自动摘要的高质量研究，如 Pointer-Generator Networks[6]、Novel[7]、Fast-Abs-RL[8]、Bottom-Up[9] 以及 DCA[10]。这些模型代表了最近几年在预训练语言模型诞生之前生成式自动摘要技术的最高水平。自 2018 年起，ELMo[11]、GPT[12] 以及 BERT[13] 模型的相继出现，使"预训练语言模型＋微调"的模式成为 NLP 领域最实用的应用模式。将经过充分预训练的语言模型应用到生成式自动摘要任务，只需少量的模型微调即可达到与之前最优模型相媲美的性能表现。随着预训练语言模型技术的不断发展，"预训练＋微调"方法已应用在 GLUE[14]、SquAD[15]、RACE[16] 等 NLP 的多个下游任务中，而基于 Transformer 结构的神经网络模型也成为生成式摘要生成模型中最常用的基准方法。

根据 Lebanoff 等人工作[17]中的总结,生成式文本自动摘要技术主要通过两种方法对原始文档进行概括。第一种方法为语句压缩(Sentence Compression),通过去除句子中的单词和短语来减小单个语句的长度,相关的研究已经有不少[18-21]。第二种方法为语句融合(Sentence Fusion),该方法从两个或多个语句中分别选取部分内容并将其融合成一个语句。由于将语句中不重要的从句删去依然能保持原句的语法语义正确,因此语句压缩的难度相对较小[22]。相比之下,语句融合需要在若干个语句中分别选择不同的部分并将其组成语法准确、语义凝练的一句话,使其成为生成式文本自动摘要模型的主要性能瓶颈。

受 Halliday 等人[23]工作的启发,Lebanoff 等人[24]提出了语句间的信息联系点(Points of Correspondence,PoC)的概念用以研究摘要文本中的语句融合现象。之前曾有研究[17]对 Pointer-Generator Networks 等方法所生成的摘要文本进行了定量分析,并与人工生成的参考摘要进行了对比,发现之前的生成式文本摘要模型所生成的文本虽然在 Rouge[25]等指标上能够取得不错的成绩,但其中通过语句融合方法所产生的内容要远低于人类的平均水平。为解决该问题,Lebanoff 等人[26]的研究中采用了基于预训练语言模型的思路,设计了两个定制的模型试图提升模型生成的文本中采用语句融合方法的数量和质量,从而提升生成的摘要文本的质量。

综上所述,偏传统的深度神经网络摘要生成模型如 Pointer-Generator Networks 和最近流行的基于预训练语言模型的摘要模型在生成式自动摘要任务上都能够取得较好的结果,但仍存在以下两点不足。

(1)所有这些方法基本都是基于 Seq2Seq 架构,以生成的摘要中含有人类参考摘要文本中单词的统计学指标进行激励,这种方法并不能很好地引导模型融合语句、概括内容,生成的文本中语句融合比例较少,概括性较弱。

(2)在解决生成式自动摘要中语句融合的问题方面,有少数研究取得了一定进展,但这些方法相较于之前的模型性能提升比较有限,并没有取得实质性的突破。

结合上述总结的问题以及文本整编在文本摘要生成过程中的具体需求,本章主要完成了以下 3 个方面的工作。

(1)对包含语句融合标注的文本摘要数据集进行了探究,并在其基础上做了进一步的细化标注,以便于后续研究的开展。

(2)针对利用语句融合进行生成式文本自动摘要任务,提出了 Cohesion-based 文本生成模型,该模型相较于传统模型主要有两个创新。第一个创新是设计了一个新的类语言模型训练任务,基本思路是利用(1)中的数据标注设计一个文本序列级别的置换语言模型并进行训练。第二个创新是针对比较通用的 Seq2Seq 结构在解决语句融合方面能力不足的问题,在解码端(Docoder)设计了一个基于 PoC 的掩码策略,从而加强生成阶段的语句融合能力。

(3)将 Cohesion-based 文本生成模型进行实现并进行充分实验。实验结果表明我们所提出的模型在公开的数据集上相较于较新的研究成果以及基准模型能够取得显著性能提升。此外,我们还通过模型隐藏层状态可视化的方式进一步探究了本方法的可解释性。

8.2 语句融合及自监督训练方法

8.2.1 语句融合与 PoC

语句融合在文本自动摘要中起着十分突出的作用[27]。现有的文本自动摘要数据集如 CNN/Daily Mail[28, 29]等并没有在训练数据中标注出有关语句融合的信息。Lebanoff 等人的研究[24]填补了这方面的空白，该研究受 Halliday 等人关于英语文法中信息融合相关研究[23]的启发，提出了一套基于 PoC 在 CNN/Daily 数据集上进行标注的思路，通过外包方式完成标注并将该数据集公开，为后续有关语句融合的研究提供了便利。

该数据集将语句融合所需的 PoC 分为 5 种类型：代词指称（Pronominal Referencing）、名义指称（Nominal Referencing）、普通名词指称（Common-Noun Referencing）、重复（Repetition）以及事件驱动（Event Triggers）。每种 PoC 的示例如图 8-1 所示。其中最左一栏描述的是 5 种 PoC 类型，中间一栏是原始文档的语句，最右一栏是参考摘要中的语句，其中每种 PoC 所对应的语句序列分别使用底纹进行了区分。

PoC 类型	原始文档语句	参考摘要语句
Pronominal Referencing	[S1] The bodies showed signs of torture [S2] They were left on the side of a highway in Chilpancingo, about an hour north of the tourist resort of Acapulco in the state of Guerrero	• The bodies of the men, which showed signs of torture, were left on the side of a highway in Chilpancingo
Nominal Referencing	[S1] Bahamian R&B singer Johnny Kemp, best known for the 1988 party anthem "Just Got Paid," died this week in Jamaica [S2] The singer is believed to have drowned at a beach in Montego Bay on Thursday, the Jamaica Constabulatory Force said in a press release	• Johnny Kemp is " believed to have drowned at a beach in Montego Bay," police say
Common-Noun Referencing	[S1] A nurse confessed to klling five women and one man at hospital [S2] A former nurse in the Czech Republic murdered six of her elderly patients with massive doses of potassium in order to ease her workload	• The nurse, who has been dubbed "nursedeath" locally, has admitted klling the victims with massive doses of potassium
Repetition	[S1] Stewart said that she and her husband, Joseph Naaman, booked Felix on their flight from the United Arab Emirates to New York on April 1 [S2] The couple said they spent $1, 200 to ship Felix on the 14-hour flight	• Couple spends $1, 200 to ship their cat, Felix, on a flight from the United Arab Emirates
Event Triggers	[S1] Four employees of the store have been arrested, but its manager was still at large, said Goa police superintendent Kartik Kashyap [S2] If convicted, they could spend up to three years in jail, Kashyap said	• The four store workers arrested could spend 3 years each in prison if convicted

图 8-1 5 种 PoC 示例

8.2.2　预训练语言模型与自监督训练

自监督训练是指模型可以直接从无标签数据中自行学习，无须标注数据。作为自监督训练的一种，预训练语言模型（PLM）是指在大规模无标注文本上学习统一的语言表示，从而方便下游 NLP 任务的使用，避免了从头开始为一个新任务训练一个新的模型[30]。自监督训练的核心在于如何自动为数据产生标签，而预训练语言模型的训练任务基本都是语言模型任务或是语言模型的各种变体，因而不同 PLM 的训练数据标注方式也是与其自身的训练任务特定相关的。

从训练任务上分，PLM 可分为因果语言模型（CLM）和掩码语言模型（MLM）两种。CLM 又被称作自回归模型（Autoregressive Model），代表性的模型包括 GPT 系列模型[12,31,32]、CTRL[33]、Transformer-XL[34]、Reformer[35] 以及 XLNet[36] 等。该训练任务通过依次输入文本中的单词来预测下一个单词，假设有文本序列 $\boldsymbol{x}_{1:T}=[x_1,x_2,\cdots,x_T]$，则在 CLM 的训练过程中该文本序列的联合概率分布 $p(\boldsymbol{x}_{1:T})$ 为

$$p(\boldsymbol{x}_{1:T})=p(x_1)\cdot p(x_2\mid x_1)\cdots p(x_T\mid x_1,x_2,\cdots,x_{T-1})=\prod_{t=1}^{T}p(x_t\mid \boldsymbol{x}_{<t})$$

$$(8-1)$$

MLM 又被称作自编码模型（Autoencoding Model），通常采用随机添加掩码的方式将输入文本序列中的部分单词遮盖掉，然后根据输入文本的剩余部分预测被遮盖掉的单词，常见的模型包括 BERT[13]、ALBERT[37]、RoBERTa[38]、DistilBERT[39] 以及 XLM[40] 等。假设输入文本序列依旧为 $\boldsymbol{x}_{1:T}=[x_1,x_2,\cdots,x_T]$，对输入语句进行掩码操作后的 $m(\boldsymbol{x})$ 表示被遮盖的单词，而 $\boldsymbol{x}_{\backslash m(\boldsymbol{x})}$ 表示原始文本去除被遮盖掉单词的其余文本，则在 MLM 训练过程中该文本序列的联合概率分布 $p(\boldsymbol{x}_{1:T})$ 为

$$p(\boldsymbol{x}_{1:T})=p(m(\boldsymbol{x})\mid \boldsymbol{x}_{m(\boldsymbol{x})})\approx\prod_{\hat{x}\in m(\boldsymbol{x})}p(\hat{x}\mid \boldsymbol{x}_{\backslash m(\boldsymbol{x})}) \qquad (8-2)$$

8.2.3　生成式文本自动摘要主流方法

进入深度学习时代以来，目前主流的文本自动摘要方法都是基于深度神经网络的模型，且大多都以 Seq2Seq 结构作为基本的模型框架。以 BERT 模型的发布为界线，这些方法又可分为前预训练时代的模型（如 Pointer-Generator Networks[6]、Novel[7]、Fast-Abs-RL[8]、Bottom-Up[9] 以及 DCA[10] 等），以及后预训练时代的模型，即基于不同预训练语言模型进行摘要文本生成的各种方法。其中前预训练时代的模型大多数基于循环神经网络（RNN），包括长短时记忆网络（LSTM）[41]、门限循环单元（GRU）[42] 以及其他 RNN 的各种变体。而后预训练时代的各种模型基本都是基于 Transformer[43] 结构的。

8.3　Cohesion-based 文本生成模型

本章提出的 Cohesion-based 文本生成模型主要包含两阶段的训练步骤，即第一阶段在

无标签数据上进行的 Cohesion-permutation 语言模型自监督训练任务，以及第二阶段在有标签的标准"文档-摘要"数据集上进行的有监督训练任务。由于 Cohesion-based 文本生成模型所需要的训练数据格式比较特殊，因此本节首先对模型的训练数据进行详细说明，然后对模型的两阶段训练进行具体描述。

8.3.1　训练数据及预处理

本章的主要研究方向是利用原文语句间的信息联系点（PoC），提升模型在生成摘要文本过程中的语句融合能力，进而提高生成文本的质量。我们在实验中采用 Labanoff 团队[24]在 CNN/Daily Mail 数据集[29]上进行 PoC 标注的数据集。该数据集全部来自 CNN/Daily Mail 数据集，由人工进行细粒度的 PoC 标注，共包含 1 174 篇文档，其中含有 1 599 个 PoC 标注信息，该数据集的可视化示例如图 8-2 所示。

Points of Correspondence

Summary

White House weighing whether Obama should meet with Raul Castro .

A serious congressional ripple effect from the Menendez indictment ?

It 's decision time for GOP operatives as the 2016ers get ready to launch .

Article

Washington (CNN) Decision time for GOP operatives , another controversial foreign policy choice for President Obama , a ripple effect from the Robert Menendez indictment , and two insights into Hillary Clinton 's campaign launch -- those stories filled our Sunday trip around the `` Inside Politics '' table .
Obama 's Iran diplomacy already has his conservative critics fired up , and things could get even more interesting in the week ahead .

The President is headed to Panama for a regional summit , and Julie Pace of The Associated Press reports one of the big questions is whether he 'll make history and have a face-to-face meeting with Cuban leader Raul Castro .

`` This would be the first meeting between a U.S . and a Cuban leader in decades , '' said Pace .

`` But Obama 's efforts to end this freeze of Cuba have been a lot more difficult than they looked when he announced it last year , '' Pace said .

`` And so what the White House is going to be weighing is whether this meeting would be a way to generate more progress or whether it would be a premature reward for the Castros . ''

图 8-2　基于语句融合标注的 CNN/Daily Mail 数据集示例

由于原数据集中只对各种关键信息的起止位置进行了标注，不便于本章实验的具体开展，因此我们首先对原始数据集进行预处理和再标注，具体做法如下：根据原数据集中的索引标注，对每一条数据中原文档内 PoC 内容部分的前后添加特殊标记符号，其中每出现一组 PoC，在这组 PoC 内容的前后添加相同的标记符号"［POC-X-START］"和"［POC-X-END］"，其中 X 的取值为从"0"开始的递增整数，用来标记不同的 PoC。以图 8-2 所示的数据项为例，经过处理后原文中的 PoC 标注结果如下：

"The President is headed to Panama for a regional summit，and Julie Pace of The Associated Press reports one of the big questions is whether he'll make history and have a

［POC-0-START］face-to-face meeting［POC-0-END］with［POC-1-START］Cuban leader Raul Castro［POC-1-END］. And so what the White House is going to be weighing is whether［POC-0-START］this meeting［POC-0-END］would be a way to generate more progress or whether it would be a premature reward for［POC-1-START］the Castros［POC-1-END］. "

　　从标注结果可以看出，图 8-2 中用浅色图层标出的第一组 PoC 内容"face-to-face meeting"和"this meeting"都已分别在其前后添加了"［POC-0-START］"和"［POC-0-END］"标识，同理，用深色图层标出的第二组 PoC 内容"Cuban leader Raul Castro"和"the Castros"都已分别用"［POC-1-START］"和"［POC-1-END］"进行标记。通过这样的处理方式，方便了模型对输入文本中所包含的 PoC 信息的直接捕捉与处理。

8.3.2　自监督 Cohesion-permutation 语言模型训练任务

　　预训练语言模型从广义上都可归为自编码语言模型和自回归语言模型，以 BERT 模型为代表的自编码语言模型由于引入了特殊的掩码机制从而能够在训练中同时关注文本的上下文信息，但掩码的出现破坏了原文的结构并造成了模型在训练和使用两个场景下的差异，除此以外，被掩码单词之间的独立性假设同样是不可忽视的问题。出于以上原因，我们更倾向于采用自回归语言模型，自回归语言模型相较于自编码语言模型最大的优势在于其从左到右的顺序训练特性天然符合文本自左向右生成的内在规律，这也解释了自回归语言模型在文本生成子任务中要优于自编码语言模型的原因。自回归语言模型的相对劣势在于其自左向右的训练模式使得其只能关注到一个方向的文本信息，不能像自编码语言模型那样同时获得前后两个方向的文本信息。为解决此问题，XLNet 创新性地采用了 PLM 的训练方式，通过将文本输入顺序随机打乱的方式在自回归语言模型的条件下得以同时关注前后两个方向的文本信息。受此启发，我们提出了 Cohesion-permutation 语言模型。

　　为更直观地描述 Cohesion-permutation 语言模型的运作方式，我们采用图 8-3 所示的数据项作为基本示例。该图所展示的是已经经过预处理后的一个数据项，在该数据项中只包含一组 PoC 信息，将普通文本、PoC 文本以及 PoC 标注符号分别用深色、浅色以及带底纹字体标记出来，从而更直观地体现出文本中的各部分内容。对应于图 8-3 所示的一个数据项示例，我们可以对其进行进一步的抽象，如图 8-4 所示。

<Source Sentences>
［POC-0-START］Robert Downey Jr.［POC-0-END］is making headlines for walking out of an interview with a British journalist who dared to veer away from the superhero movie Downey was there to promote.［POC-0-START］The journalist［POC-0-END］instead started asking personal questions about the actor's political beliefs and "dark periods" of addiction and jail time.

<Summary>
Robert Downey Jr started asking personal questions about the actor's political beliefs.

图 8-3　经过预处理后的 PoC 数据项

图 8-4　PoC 数据项的抽象示意图

对包含同一组 PoC 信息的同一文档中的两个语句，我们对其内容按照其所属种类进行抽象。首先，PoC 部分的文本本身分别用"Seq-POC-1"和"Seq-POC-2"表示，即对应于图 8-4 中的浅色字体部分。对于两处 PoC 内容在该语句中的前后两部分文本，分别用"Seq-1-head""Seq-2-head"以及"Seq-1-tail""Seq-2-tail"表示，即对应于图 8-4 中的深色字体部分。而 PoC 内容与其他文本之间的界限依旧用 PoC 标记表示，即图 8-4 中的带底纹字体部分。

对于两个语句中的同一组 PoC 信息，正如 Labanoff 团队研究[24]中对其的定义一样，这一组 PoC 内容在语法上基本属于同一实体，或在少数情况下表示一对存在因果触发的内容。语句融合的目的是将两个或多个语句融合成一个语句，对于包含一组 PoC 信息的两个语句，两个语句分别描述了同一实体的两方面内容，而这两方面内容必然在语义上是存在相互联系或者信息冗余的。若使用传统的自回归语言模型结构，模型在生成图 8-4 中"Seq-POC-1"内容的时候，仅能关注到其前面的"Seq-1-head"的相关信息，而与其有关的"Seq-1-tail"内容以及包含与"Seq-POC-1"同一组 PoC 信息的整个语句 2 都没有被利用到。上文已经解释过，自编码语言模型结构在文本生成领域中是弱于自回归语言模型的表现的，因此采用以 BERT 为代表的模型同样不能很好地解决该问题。XLNet 所采用的 PLM 结构在自回归的框架下实现了文本对上下文信息的双向关注，这虽然不能直接解决本章所研究的问题，但提供了一个不错的思路。

对于原始输入，Cohesion-permutation 语言模型将其按照图 8-5 的方式进行随机打乱。Cohesion-permutation 语言模型并没有选择类似于传统 PLM 将输入数据随机打乱的方法，主要是出于如下两方面考虑：第一，我们所解决的主要问题是聚焦文本生成中的语句融合问题，以 XLNet 为代表的 PLM 可以看作一种普遍意义的方法，而 Cohesion-permutation 语言模型则针对可以进行融合的两个语句中的 PoC 进行了特殊设计；第二，为提高模型生成摘要文本的可读性和连贯性，Cohesion-permutation 语言模型以文本序列为最小单位进行随机打乱，保留了每个划分部分的相对位置信息，不同于传统 PLM 以单词（Token）级别的随机打乱。

如图 8-5 所示，Cohesion-permutation 语言模型将输入文本按照"fore_part""hind_part""exchange_part""fore_fluent""hind_fluent"以及"unchange"6 种方式进行重组，这 6 种方式都按照图 8-4 所规定的标记方法进行描述，直观含义都不难理解，以第一种处理方式"fore_part"为例，该操作的目的是让模型在识别同一组 PoC 信息时能够同时关注来自两个语句的前置文本，相较于已有方法能够更加精准、高效地将所需信息应用到模型的训练中。在具体的实验中，对输入文本进行"fore_part""hind_part""exchange_part""fore_fluent""hind_fluent"操作的概率分别都是 16%，而对输入文本不进行任何调整操作即"unchange"的概率为 20%。

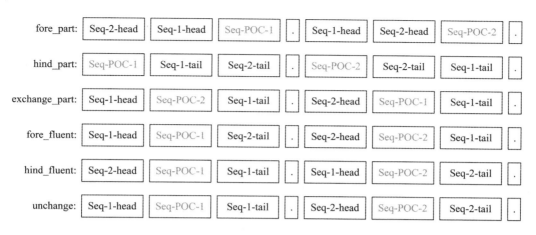

图 8 - 5　Cohesion-permutation 语言模型的训练模式示意图

为形式化表达 Cohesion-permutation 语言模型的思路,现将 Z_T 作为经过图 8 - 5 中对输入长度为 T 的语句进行的所有可能操作后的语句序列位置索引的集合,用 z_t 和 $z_{<t}$ 分别表示 Z_T 中的其中任意一种排列方式 $z(z \in Z_T)$ 的第 t 个元素和前 $t-1$ 个元素。至此,我们所提出的 Cohesion-permutation 语言模型的优化目标如下:

$$\max_{\theta} E_{z \sim Z_T} \left[\sum_{t=1}^{T} \log p_\theta(\boldsymbol{x}_{z_t} \mid \boldsymbol{x}_{z_{<t}}) \right] \tag{8-3}$$

在式(8-3)中,对于一段输入文本 $\boldsymbol{x}$,首先根据上文所提到的 6 种处理方法按照概率随机采样一个重排后序列结果 $z(z \in Z_T)$,然后根据重排后的序列顺序对似然概率 $p_\theta(\boldsymbol{x})$ 进行分解。实验中对于输入文本的全部 6 种重排方式采用同一套模型参数 θ,因此对于任意输入文本,模型都能够获得双向的文本信息。除此以外,Cohesion-permutation 语言模型同样属于自回归语言模型的框架,因此也就避免了上文所提到的自编码语言模型所存在的问题。

在实验中,我们采用 36 层堆叠的 Transformer decoder[43] 构建 Cohesion-permutation 语言模型。

8.3.3　基于语句融合掩码的微调训练

在经过自监督的 Cohesion-permutation 语言模型训练任务后,模型已经初步具备识别和处理不同语句之间的 PoC 信息的能力,但为了让模型在文本自动摘要任务上获得更好的性能,还需要对 Cohesion-based 文本生成模型进行第二阶段的有监督微调训练。

Cohesion-based 文本生成模型的微调训练过程如图 8 - 6 所示,该模型在微调阶段与基于 Transformer Decoder 结构的语言模型的主要区别在于对输入文本的掩码操作。在原始 Transformer Decoder 结构中,采用的是掩码多头注意力(Masked Multi-Head Attention),而在我们提出的模型中使用基于语句融合的掩码多头注意力机制(Cohesion-masked Multi-Head Attention),其目的在于引入不同语句中所包含的 PoC 信息,从而提高模型进行语句融合的能力。

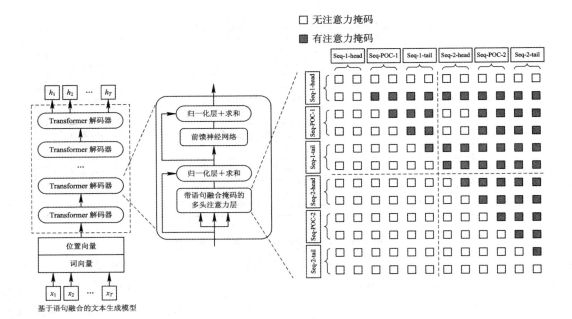

图 8-6 基于语句融合的掩码多头注意力

在单个文本 $\boldsymbol{x}=(x_1, x_2, \cdots, x_T)$ 输入模型之前，首先通过词向量和位置向量对其进行向量化得到矩阵 $\boldsymbol{H}^0=[\boldsymbol{h}_1^0, \boldsymbol{h}_2^0, \cdots, \boldsymbol{h}_T^0]$，Cohesion-based 文本生成模型由 $L(L=36)$ 层 Transformer Decoder 堆叠而成。模型的输入可在第 l 层获得其对应层的嵌入表示 $\boldsymbol{H}^l=\text{TransformerDecoder}(\boldsymbol{H}^{l-1})=[\boldsymbol{h}_1^l, \boldsymbol{h}_2^l, \cdots, \boldsymbol{h}_T^l]$。

对于模型的第 l 层，其任意一个注意力头的输出 $\boldsymbol{A}_l$ 如下所示。

$$\boldsymbol{Q}_l =\boldsymbol{H}^{l-1}\boldsymbol{W}_l^{\boldsymbol{Q}}, \ \boldsymbol{K}_l =\boldsymbol{H}^{l-1}\boldsymbol{W}_l^{\boldsymbol{K}}, \ \boldsymbol{V}_l =\boldsymbol{H}^{l-1}\boldsymbol{W}_l^{\boldsymbol{V}} \tag{8-4}$$

$$\boldsymbol{M}_{i,j}=\begin{cases}0, & \text{允许注意力关注}\\ -\infty, & \text{不允许注意力关注}\end{cases} \tag{8-5}$$

$$\boldsymbol{A}_l =\text{softmax}\left(\frac{\boldsymbol{Q}_l\boldsymbol{K}_l^{\mathrm{T}}}{\sqrt{d_k}}+\boldsymbol{M}\right)\boldsymbol{V}_l \tag{8-6}$$

在上述的运算中，模型上一层的输出 $\boldsymbol{H}^{l-1}\in\mathbf{R}^{T\times d_h}$ 分别通过 3 个参数矩阵 $\boldsymbol{W}_l^{\boldsymbol{Q}}$、$\boldsymbol{W}_l^{\boldsymbol{K}}$、$\boldsymbol{W}_l^{\boldsymbol{V}}\in \mathbf{R}^{d_h\times d_k}$ 进行线性映射到矩阵 $\boldsymbol{Q}_l$、$\boldsymbol{K}_l$、$\boldsymbol{V}_l$。掩码矩阵 $\boldsymbol{M}$ 决定输入文本的一对单词之间能否互相关注，这里模型并没有采用原始 Transformer Decoder 内的掩码机制，而是针对语句融合设计了特殊的掩码矩阵 $\boldsymbol{M}_{\text{cohesion}}$，即

$$\boldsymbol{M}_{i,j}=\begin{cases}0, \ i\geqslant j\\ 0, \ i\in\text{index}_{\text{Seq-POC-1}} \text{ 且 } j\in\text{index}_{\text{Seq-2-head}}\\ -\infty, \text{其他}\end{cases} \tag{8-7}$$

式中的 $\text{index}_{\text{Seq-POC-1}}$ 和 $\text{index}_{\text{Seq-2-head}}$ 分别表示由"Seq-POC-1"及"Seq-2-head"的位置索引组成的集合，设计特殊的掩码矩阵 $\boldsymbol{M}_{\text{cohesion}}$ 是为了让模型能够更好地利用来自不同语句的同一组 PoC 所含有的文本信息，其与正常 Transformer Decoder 结构的区别如图 8-7 所示。

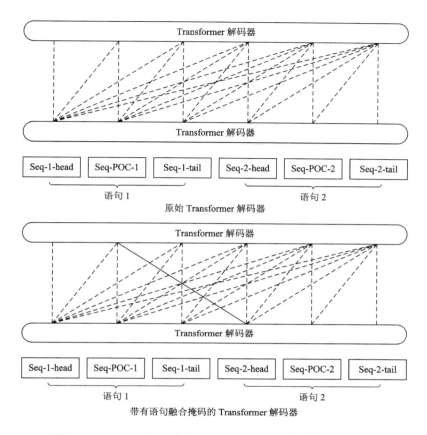

图 8-7 基于语句融合的掩码注意力与传统的掩码注意力比较

8.4 实验设计与结果分析

8.4.1 实验数据及评价指标

如上文所述，本章全部实验将在经过 Labanoff 团队进行标注过的 CNN/Daily Mail 数据集[①]上进行，该数据集的具体示例在上文已进行过详细阐述，因此对数据格式不作重复说明。

在本实验中采用的评价指标分为两类，第一类是传统的基于词语共现频率统计的生成文本评价指标 Rouge[25]、BLEU[44]，第二类是基于 BERT 模型进行语义相似度衡量的生成文本评价指标 BertScore[45]。

8.4.2 模型参数设置

Cohesion-based 文本生成模型是由 36 层 Transformer Decoder 堆叠而成，我们采用 Huggingface[46] 所提供的开源模型 GPT2-large[②] 进行参数初始化，模型的主要超参数设置

---

① https://github.com/ucfnlp/sent-fusion-transformers

② https://huggingface.co/gpt2-large

情况如表 8-1 所示。

表 8-1　模型的主要超参数设置情况

参　　数	设　置　值
词向量维度	1280
模型层数	36
注意力头个数	20
最大输入长度	1024
dropout 率	0.1
初始学习率	5×10^{-5}
每个 epoch 的学习率衰减比率	0.8
优化器	Adam

8.4.3　实验结果与分析

为全方位验证本章的 Cohesion-based 文本生成模型在文本自动摘要任务上的有效性，我们选择了多个具有代表性的基准模型进行比较实验。

（1）Pointer-Generator[6]：该模型采用一个由循环神经网络组成的 Encoder-Decoder 结构将输入语句压缩成一个向量表示，然后再将其解码成需要输出的融合语句。

（2）UniLM[47]：该模型采用与 BERT 模型基本一致的模型框架，但训练方式不同。UniLM 模型通过联合训练单向、双向以及 Seq2Seq 等 3 种不同的语言模型得到，旨在使模型可以同时应用于 NLU 和 NLG 任务。

（3）GPT2-large[31]：我们所提出的 Cohesion-based 文本生成模型在结构方面与 GPT2-large 基本一致，因此将该模型作为基准模型之一，在具体实验中，直接采用经过预训练的模型进行文本输出。

（4）Trans-Linking[26]：该模型的结构同样是堆叠的多层 Transformer，不同之处在于其使用特殊标记对输入文本的 PoC 内容的界限进行了标注，然后直接将经过标记的数据放入模型中进行训练。

（5）Trans-ShareRper[26]：该模型的结构与 Trans-Linking 类似，单独使用一个注意力头捕捉属于同一组 PoC 的文本信息，并且该 PoC 所包含的所有文本内容在这个注意力头中共享同一组语义表示。

（6）Concat-Baseline：我们借鉴 Lebanoff 等人[26]的做法，在一般的基准模型外添加一个 Concat-Baseline，该基准不包含具体模型，而是直接将包含 PoC 的两个或多个句子拼接起来作为生成文本并输出。

除原始的 Cohesion-based 模型外，为与已有的最优性能模型 Trans-Linking 和 Trans-ShareRper 进行比较，我们还设计了一个参数缩减版的 Cohesion-based 模型，该模型由 24 个 Transformer Decoder 层堆叠而成，模型参数采用经过预训练的 GPT2-medium[①] 进行初始化。该模型与 Trans-Linking 和 Trans-ShareRper 拥有同样大小的参数量，从而能够更直

---

① https://huggingface.co/gpt2-medium

观地体现模型结构带来的性能提升。

通过在测试集上进行实验，可以得到实验结果如表 8 - 2 所示。从中我们可以看出：① 无论是在传统基于词语共现的指标 Rouge、BLEU 上，还是在基于深层语义的评测指标 BertScore 上，本章所提出的 Cohesion-based 都要优于基准模型。② 即使屏蔽模型参数量对性能的影响，参数缩减版的 Cohesion-based(24 layers)在各项评测指标上依然要高于现有的基准模型。③ Cohesion-based 不仅在文本生成的评测指标中比现有模型更好，在生成文本过程中采用语句融合策略的比例也较已有模型取得了明显提升。

表 8 - 2　多种文本生成模型在测试集上的结果

模　　　型	Rouge-1	Rouge-2	Rouge-L	BLEU	BertScore	融合度 /%
Pointer-Generator	33.7	16.3	29.3	40.3	57.3	38.7
UniLM	38.8	20.0	33.8	45.8	61.3	50.7
GPT2-large	35.1	17.4	27.6	42.1	57.5	34.2
Trans-Linking	38.8	20.1	33.9	45.5	61.1	55.8
Trans-ShareRper	39.0	20.2	33.9	45.8	61.2	46.5
Concat-Baseline	36.1	18.6	27.8	24.6	60.4	99.7
Cohesion-based	51.9	22.7	46.9	53.7	64.3	61.3
Cohesion-based(24 layers)	40.7	20.1	37.4	46.3	61.8	56.1

为直观展现模型在进行文本生成时的内部状态，我们利用可视化的方式对模型内的注意力矩阵进行可视化，如图 8 - 8 和图 8 - 9 所示。

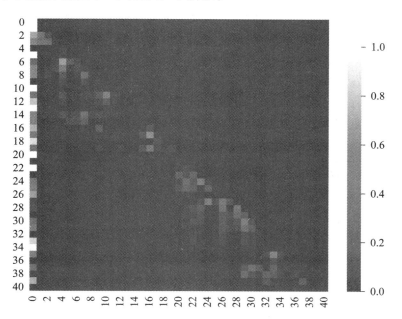

图 8 - 8　普通 Transformer 深度模型中某一注意力头的注意力矩阵参数可视化

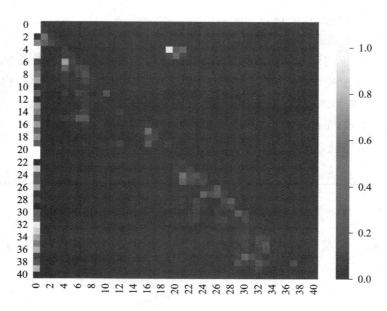

图 8 - 9   Cohesion-based 模型中某一注意力头的注意力矩阵参数可视化

图 8 - 8 和图 8 - 9 体现的分别是普通的 Transformer 深度模型和 Cohesion-based 模型对同一段输入文本的信息捕获情况。具体来讲，两幅图都随机取自模型的任意一层的任意一个注意力头，并通过热力图的形式将该注意力矩阵进行可视化。在图 8 - 8 和图 8 - 9 所展现的情况中，输入文本是总共包含 40 个单词的两个语句，这两句话以第 13 个索引进行分隔。在输入的文本中包含一组 PoC，分别位于索引 4～7 的第一句和索引 22～24 的第二句中。从图 8 - 8 中可以看出，普通的基于 Transformer 模型并未针对 PoC 进行特定的关注，而在图 8 - 9 中可以发现，模型在处理第一句 PoC 部分内容的时候额外关注了第二句 PoC 信息之前的文本内容，因而能够融入更多的语义信息，这也是 Cohesion-based 模型能够获得优异性能表现的原因。

在公开数据集上取得较好结果后，我们又从某领域文本标注项目及服务中选取有标注的 500 条数据进行了补充实验，对比模型为一个 24 层的基准 GPT-2 模型，实验结果如表 8 - 3 所示，可以看出，本章所提出的模型相较于基准模型能够取得较大的性能提升

表 8 - 3   项目数据补充实验

模　　型	Rouge-1	Rouge-2	Rouge-L	BLEU
GPT - 2	32.1	16.8	24.2	39.5
Cohesion-based(24 layers)	39.5	19.3	36.4	42.8

本 章 小 结

本章针对文本整编最后步骤的摘要文本生成问题提出了一种基于语句融合和自监督训练的文本自动摘要技术，该技术以 Transformer Decoder 为基本结构设计了 Cohesion-based

文本生成模型，通过设计自监督和有监督的两阶段训练任务，使模型在公开的文本自动摘要数据集上取得了优异的性能表现。Cohesion-based 文本生成模型在训练过程中充分利用数据集中的 PoC 标注，两阶段的训练任务分别从语言模型任务设计和基于语句融合的注意力掩码矩阵对其进行了定制处理，以求在生成摘要文本的过程中尽量采用语句融合技术而非对冗余重复信息的简单去除，从而进一步增强生成摘要的概括性和流畅性。多个公开评测指标的评估结果以及模型在应用过程中部分参数的可视化结果都验证了本章所提出方法的有效性。

本章的工作存在如下两点问题：① 我们虽然针对文本生成过程中的语句融合进行了针对性的模型结构修改，但从实验结果来看，所取得的效果并没有预期的明显，尤其是在屏蔽模型参数量提升所带来的影响后；② 我们的实验数据来自对 CNN/Daily Mail 数据集进行特定人工标注的公开数据集，由于涉及文本中语义融合现象较为复杂，标注成本较高，因此该公开数据集的总数据量相对较小，我们所提出的方法还需使用更大更有针对性的数据集进行更进一步的验证和分析。

参 考 文 献

[1] LUHN H P. The automatic creation of literature abstracts[J]. IBM Journal of research and development，1958，2(2)：159-165.

[2] 李金鹏，张闯，陈小军，等. 自动文本摘要研究综述[J]. 计算机研究与发展，2021，58(1)：1.

[3] HU X，SUN N，ZHANG C，et al. Exploiting internal and external semantics for the clustering of short texts using world knowledge[C]//Proceedings of the 18th ACM conference on Information and knowledge management. 2009：919-928.

[4] CHENG J，LAPATA M. Neural Summarization by Extracting Sentences and Words[C]//54th Annual Meeting of the Association for Computational Linguistics. Association for Computational Linguistics，2016：484-494.

[5] NALLAPATI R，ZHAI F，ZHOU B. Summarunner：A recurrent neural network based sequence model for extractive summarization of documents[C]//Thirty-First AAAI Conference on Artificial Intelligence. 2017.

[6] SEE A ，LIU P J ，MANNING C D. Get To The Point：Summarization with Pointer-Generator Networks[C]// Proceedings of the 55th Annual Meeting of the Association for Computational Linguistics（Volume 1：Long Papers）. 2017.

[7] KRYŚCIŃSKI W，PAULUS R，XIONG C，et al. Improving Abstraction in Text Summarization[C]//Proceedings of the 2018 Conference on Empirical Methods in

Natural Language Processing. 2018：1808-1817.

[8] CHEN Y C, BANSAL M. Fast Abstractive Summarization with Reinforce-Selected Sentence Rewriting[C]//Proceedings of the 56th Annual Meeting of the Association for Computational Linguistics (Volume 1：Long Papers). 2018：675-686.

[9] GEHRMANN S, DENG Y, RUSH A M. Bottom-Up Abstractive Summarization [C]//Proceedings of the 2018 Conference on Empirical Methods in Natural Language Processing. 2018：4098-4109.

[10] CELIKYILMAZ A, BOSSELUT A, HE X, et al. Deep Communicating Agents for Abstractive Summarization[C]//Proceedings of the 2018 Conference of the North American Chapter of the Association for Computational Linguistics：Human Language Technologies, Volume 1 (Long Papers). 2018：1662-1675.

[11] PETERS M E, NEUMANN M, IYYER M, et al. Deep contextualized word representations[C]//Proceedings of NAACL-HLT. 2018：2227-2237.

[12] RADFORD A, NARASIMHAN K, SALIMANS T, et al. Improving language understanding by generative pre-training[J]. 2018.

[13] DEVLIN J, CHANG M W, LEE K, et al. Bert：Pre-training of deep bidirectional transformers for language understanding [J]. arXiv preprint arXiv：1810. 04805，2018.

[14] WANG A, SINGH A, MICHAEL J, et al. GLUE：A Multi-Task Benchmark and Analysis Platform for Natural Language Understanding[C]//Proceedings of the 2018 EMNLP Workshop BlackboxNLP：Analyzing and Interpreting Neural Networks for NLP. 2018：353-355.

[15] RAJPURKAR P, ZHANG J, LOPYREV K, et al. SQuAD：100，000＋Questions for Machine Comprehension of Text[C]//Proceedings of the 2016 Conference on Empirical Methods in Natural Language Processing. 2016：2383-2392.

[16] LAI G, XIE Q, LIU H, et al. RACE：Large-scale ReAding Comprehension Dataset From Examinations[C]//Proceedings of the 2017 Conference on Empirical Methods in Natural Language Processing. 2017：785-794.

[17] LEBANOFF L, MUCHOVEJ J, DERNONCOURT F, et al. Analyzing Sentence Fusion in Abstractive Summarization[C]//Proceedings of the 2nd Workshop on New Frontiers in Summarization. 2019：104-110.

[18] COHN T, LAPATA M. Sentence compression beyond word deletion [C]// Proceedings of the 22nd International Conference on Computational Linguistics (Coling 2008). 2008：137-144.

[19] WANG L, RAGHAVAN H, CASTELLI V, et al. A Sentence Compression Based

Framework to Query-Focused Multi-Document Summarization[C]//Proceedings of the 51st Annual Meeting of the Association for Computational Linguistics (Volume 1: Long Papers). 2013: 1384-1394.

[20] LI C, LIU F, WENG F, et al. Document summarization via guided sentence compression[C]//Proceedings of the 2013 Conference on Empirical Methods in Natural Language Processing. 2013: 490-500.

[21] FILIPPOVA K, ALFONSECA E, COLMENARES C A, et al. Sentence compression by deletion with lstms[C]//Proceedings of the 2015 Conference on Empirical Methods in Natural Language Processing. 2015: 360-368.

[22] MCDONALD R. Discriminative sentence compression with soft syntactic evidence [C]//11th Conference of the European Chapter of the Association for Computational Linguistics. 2006.

[23] HALLIDAY M A K, HASAN R. Cohesion in english [M]. London: Routledge, 2014.

[24] LEBANOFF L, MUCHOVEJ J, DERNONCOURT F, et al. Understanding Points of Correspondence between Sentences for Abstractive Summarization [C]// Proceedings of the 58th Annual Meeting of the Association for Computational Linguistics: Student Research Workshop. 2020: 191-198.

[25] LIN C Y. Rouge: A package for automatic evaluation of summaries[C]//Text summarization branches out. 2004: 74-81.

[26] LEBANOFF L, DERNONCOURT F, KIM D S, et al. Learning to Fuse Sentences with Transformers for Summarization[C]//Proceedings of the 2020 Conference on Empirical Methods in Natural Language Processing (EMNLP). 2020: 4136-4142.

[27] BARZILAY R, MCKEOWN K, ELHADAD M. Information fusion in the context of multi-document summarization[C]//Proceedings of the 37th annual meeting of the Association for Computational Linguistics. 1999: 550-557.

[28] NALLAPATI R, ZHOU B, DOS SANTOS C, et al. Abstractive Text Summarization using Sequence-to-sequence RNNs and Beyond[C]//Proceedings of The 20th SIGNLL Conference on Computational Natural Language Learning. 2016: 280-290.

[29] HERMANN K M, KOCISKY T, GREFENSTETTE E, et al. Teaching machines to read and comprehend[J]. Advances in neural information processing systems, 2015, 28: 1693-1701.

[30] QIU X, SUN T, XU Y, et al. Pre-trained models for natural language processing: A survey[J]. Science China Technological Sciences, 2020: 1-26.

[31] RADFORD A, WU J, CHILD R, et al. Language models are unsupervised multitask learners[J]. OpenAI blog, 2019, 1(8): 9.

[32] BROWN T B, MANN B, RYDER N, et al. Language models are few-shot learners[J]. arXiv preprint arXiv: 2005. 14165, 2020.

[33] KESKAR N S, MCCANN B, VARSHNEY L R, et al. Ctrl: A conditional transformer language model for controllable generation[J]. arXiv preprint arXiv: 1909. 05858, 2019.

[34] DAI Z, YANG Z, YANG Y, et al. Transformer-XL: Attentive Language Models beyond a Fixed-Length Context[C]//Proceedings of the 57th Annual Meeting of the Association for Computational Linguistics. 2019: 2978-2988.

[35] KITAEV N, KAISER Ł, LEVSKAYA A. Reformer: The efficient transformer[J]. arXiv preprint arXiv: 2001. 04451, 2020.

[36] YANG Z, DAI Z, YANG Y, et al. Xlnet: Generalized autoregressive pretraining for language understanding[J]. Advances in neural information processing systems, 2019, 32.

[37] LAN Z, CHEN M, GOODMAN S, et al. ALBERT: A Lite BERT for Self-supervised Learning of Language Representations[C]//International Conference on Learning Representations. 2019.

[38] LIU Y, OTT M, GOYAL N, et al. Roberta: A robustly optimized bert pretraining approach[J]. arXiv preprint arXiv: 1907. 11692, 2019.

[39] SANH V, DEBUT L, CHAUMOND J, et al. DistilBERT, a distilled version of BERT: smaller, faster, cheaper and lighter[J]. arXiv preprint arXiv: 1910. 01108, 2019.

[40] LAMPLE G, CONNEAU A. cross-lingual language model pretraining[J]. arXiv preprint arXiv: 1901. 07291, 2019.

[41] HOCHREITER S, SCHMIDHUBER J. Long short-term memory[J]. Neural computation, 1997, 9(8): 1735-1780.

[42] CHUNG J, GULCEHRE C, CHO K, et al. Empirical evaluation of gated recurrent neural networks on sequence modeling[C]//NIPS 2014 Workshop on Deep Learning, December 2014. 2014.

[43] VASWANI A, SHAZEER N, PARMAR N, et al. Attention is all you need[C]//Proceedings of the 31st International Conference on Neural Information Processing Systems. 2017: 6000-6010.

[44] PAPINENI K, ROUKOS S, WARD T, et al. Bleu: a method for automatic evaluation of machine translation[C]//Proceedings of the 40th annual meeting of

the Association for Computational Linguistics. 2002：311-318.

[45]　ZHANG T，KISHORE V，WU F，et al. Bertscore：Evaluating text generation with bert[J]. arXiv preprint arXiv：1904.09675，2019.

[46]　WOLF T，CHAUMOND J，DEBUT L，et al. Transformers：State-of-the-art natural language processing[C]//Proceedings of the 2020 Conference on Empirical Methods in Natural Language Processing：System Demonstrations. 2020：38-45.

[47]　DONG L，YANG N，WANG W，et al. Unified language model pre-training for natural language understanding and generation[C]//Proceedings of the 33rd International Conference on Neural Information Processing Systems. 2019：13063-13075.

第 9 章

总 结 与 展 望

本书分为上下篇，阐述了文本自动整编的两种解决方案。

上篇的"抽取式文本自动整编"，以快速、准确提供用户真正需要的关键信息为目的展开研究，针对单一的信息检索返回的文档重复内容多、概括性差的问题，提出利用多文档摘要技术对检索结果进行精炼，以生成概括性强、冗余度低的文本。面向信息检索的抽取式多文档摘要研究思路包括 3 个阶段，本书建立了相应的技术体系架构，然后根据各个阶段的需求分别展开研究，先后构建了基于多示例框架的深度关联匹配模型用于相关文档检索，基于多粒度语义交互的抽取式多文档摘要模型用于摘要句抽取，基于层次注意力和指针机制的句子排序模型用于摘要句排序。上篇的主要研究内容和成果可概括为以下几点。

（1）提出了面向信息检索的抽取式多文档摘要研究思路，分 3 个阶段展开研究：首先根据用户查询从海量数据集中检索出相关文档，完成所需信息的初步筛选；然后从检索出的相关文档中抽取摘要句，完成对检索结果的内容精炼；最后对抽取出的摘要句重新排序，以生成语意连贯、逻辑通顺的文本返回给用户。并在该研究思路的指导下建立了相应的技术体系架构。

（2）构建了基于多示例框架的深度关联匹配模型。基于多示例文本表示的思想，对传统的关联匹配检索模型进行改进，以句子为单位切分文档，将其表示成句子包，通过计算查询中示例与待检索文档中示例之间的相似度构造匹配直方图，然后通过前馈网络及融合门得到句子包的相似度得分，选取 Top-K 个文档作为检索结果。实验结果证明了上述模型的有效性，对检索准确率能有效提高。

（3）构建了基于多粒度语义交互的抽取式多文档摘要模型，在检索出的相关文档的基础上，利用多文档摘要技术对文档关键信息进行提炼。基于 Hierarchical Transformer 的思想，首先构建单词、句子和文档 3 种粒度相结合的编码器，通过局部和全局上下文信息的融合来更新句子表示，捕获不同粒度的关键信息；然后根据句子表示，使用改进的 MMR 算法通过排序学习的方法为多个文档中的各个句子打分，从而完成摘要句的抽取。实验结果表明上述模型能有效提高生成摘要的内容的全面性，同时降低其冗余度。

（4）构建了基于层次注意力和指针机制的句子排序模型，对抽取出的摘要句进行重新排序，使得最终的摘要语义连贯、逻辑通顺。首先将一个词编码器和一个句子编码器结合构造层次编码器，其中词编码器用于句子中单词之间的局部交互以获取句子的初始表示，句子编码器用于不同句子之间的交互捕获全局上下文信息以更新句子表示；然后使用指针网络解码器根据编码器捕获的上下文信息以及已经有序的序列信息来依次预测下一个句子，从而完成摘要句的排序。实验结果证明了上述句子排序模型的有效性，也表明使用该模型确实能提高生成摘要的语义连贯性、可读性。

上篇的研究虽然取得了一定的研究成果，但在很多方面仍然需要进一步地研究和改进。

（1）在进行相关文档检索时，我们使用了多示例框架，为了计算查询与待检索文档的相似度得分，需要计算二者中各个句子之间的相似度得分，这无疑增加了计算量，为了保证实际应用中相关文档检索的效率，研究如何提高检索的速度是很有必要的，因此，下一步的目标是尝试将哈希技术与多示例框架相结合，通过将示例转化成哈希码并完成相似度计算，从而提高文档检索的速度，使得用户能够更加快速地获取所需信息。

（2）在进行摘要句抽取时，改进的 MMR 算法中在计算文档中每个句子与其他句子之间的相似度时只简单地使用了余弦相似度函数，没有使用其他相似度函数通过实验来与余弦相似度函数进行比较，因此，下一步的目标是分别使用不同的相似度函数来计算 MMR 得分，以及使用不同的相似度函数组合的方法计算 MMR 得分，通过实验对比观察使用不同函数后抽取式多文档摘要模型的表现，从而完成模型的进一步优化。

（3）在对论文中各个模型进行实验验证时，使用的通用数据集比较单一，下一步的目标是考虑使用更多的数据集对本书提出的模型进行验证，在不同的数据集上分别完成模型的训练和测试，以观察模型不同的表现，使得模型的有效性能够更加具有说服力。

本书下篇的"生成式文本自动整编技术"，可总结为以下 4 个方面的工作。

（1）提出了基于三阶段文本整编的文档资源挖掘体系架构：首先利用深度哈希技术学习高质量、高效率的文本哈希表示；然后采用基于 Transformer 结构的"有监督＋自监督"的训练方式学习高性能的长文本聚类算法，将系统内的文档按照主题、内容等划分到不同的簇中；最后采用基于生成式方法和语句融合技术的文本自动摘要研究。

（2）提出了基于预训练和深度哈希的文本表示学习方法。受深度哈希学习在大规模图像检索中应用的启发，对基于深度哈希技术的文本表示学习进行了广泛而深入的探索研究，并使用 NLP 中的 3 个常见子任务来评估我们所提出的方法。实验结果表明，在牺牲有限性能的情况下，深度哈希可以通过文本表示大幅降低模型在预测阶段的计算时间开销以及物理空间开销。

（3）设计了一种结合迁移学习和动态反馈的深度嵌入聚类模型 DEC-Transformer。为更好地捕捉文档中句子之间的语义关系，该模型将一种新的迁移学习技术应用到长文本聚类任务中进行预训练。DEC-Transformer 模型通过两阶段的训练任务进行学习迭代，将语义表示和文本聚类作为一个统一的过程，并通过自适应反馈动态优化参数，以进一步提高效率。测试集上的实验结果表明，与多个基准模型相比，该模型在聚类的准确度上有了很大的提高。

（4）提出了一种基于语句融合及自监督训练的文本摘要生成方法 Cohesion-based 文本生成模型。在预训练语言模型的基础上针对语句融合的特点设计了两阶段的自监督训练任务：第一阶段的自监督训练任务是针对语句融合的特点所设计的 Cohesion-permutation 语言模型，而在第二阶段有监督训练任务中，模型使用了基于语句间信息联系点的特殊注意力掩码策略进行训练。在公开数据集上进行的实验结果表明，Cohesion-based 文本生成模型在基于统计、深层语义和语句融合比例等多个评测指标上都优于多个基准模型。

下篇围绕海量文档资源的挖掘利用方式展开研究，提出了由表示学习、文本聚类和可控文本生成组成的文本自动整编体系。然而，依然有以下问题需要在下一步研究中加以改进。

（1）在文本表示学习部分，本书所提出的方法虽然在效率上取得了较大提升，但仍然需要对不同的任务进行单独的训练从而获得该任务上更高质量的文本哈希表示。因此，本书的一个缺陷在于未能总结出一个适用于大部分下游任务的文本学习方法，这是值得进一步研究的问题。

（2）在长文本聚类部分，虽然基于预训练语言模型的两阶段训练方式取得了较好的聚类性能，但模型的训练步骤较复杂，时间空间成本较高，且限制了模型的泛化性能。

（3）在文本自动摘要部分，本书设计的算法存在两方面的问题：一方面，我们虽然针对文本生成过程中的语句融合进行了针对性的模型结构修改，但从实验结果来看，所取得的效果并没有预期的明显，尤其是在屏蔽模型参数量提升所带来的影响后；另一方面，对语句融合的实验数据来自对 CNN/Daily Mail 数据集进行特定人工标注的公开数据集，由于涉及文本中语义融合现象较为复杂，标注成本较高，因此该公开数据集的总数据量相对较小，若要进一步提升本书所提出的方法的性能，需要进一步研究在小样本上的模型训练和优化问题。